"十四五"职业教育装备制造类系列教材

钳工加工技术

王　旭◎主编

中国铁道出版社有限公司
CHINA RAILWAY PUBLISHING HOUSE CO., LTD.

内容简介

本书采用项目引领、任务驱动的编写思路，包含11个学习领域共计17个项目，主要内容有：绪论，划线，錾削，锯削，锉削，钻孔，扩孔与锪孔，铰孔，攻螺纹，套螺纹，矫正、弯曲和铆接以及多个综合训练课题等。

本书在编写过程中充分吸取了中等职业教育的课改成果，紧密结合企业生产实践，设置了开放性的项目任务，便于认知，利教易学，不仅突出理论与技能的结合，同时又着重培养学生的综合职业能力。

本书适合作为职业院校装备制造大类相关专业群的教材，也可作为装备制造类行业从业人员的培训教材和自学用书。

图书在版编目(CIP)数据

钳工加工技术/王旭主编．—北京：中国铁道出版社有限公司，2023.12

"十四五"职业教育装备制造类系列教材

ISBN 978-7-113-30717-2

Ⅰ．①钳…　Ⅱ．①王…　Ⅲ．①钳工-中等专业学校-教材　Ⅳ．①TG9

中国国家版本馆CIP数据核字(2023)第239185号

书　　名：**钳工加工技术**
作　　者：王　旭

策　　划：曾露平
责任编辑：曾露平　杨万里　　　　**编辑部电话**：(010)63551926
封面设计：刘　颖
责任校对：刘　畅
责任印制：樊启鹏

出版发行：中国铁道出版社有限公司(100054，北京市西城区右安门西街8号)
网　　址：http://www.tdpress.com/51eds/
印　　刷：北京联兴盛业印刷股份有限公司
版　　次：2023年12月第1版　2023年12月第1次印刷
开　　本：787 mm×1 092 mm 1/16　**印张**：13　**字数**：295千
书　　号：ISBN 978-7-113-30717-2
定　　价：49.80元

前　言

本书全面贯彻党的教育方针，落实立德树人根本任务，根据国家中等职业教育的培养目标，突出理论与实践相结合，在编写过程中充分吸收了中等职业教育的课改成果，将钳工的工艺知识与技能训练有机地结合起来，用理论指导实践，用实践验证理论。

本书编写体现如下特色：

第一，在编写过程中始终从生产实际出发，合理安排全书的知识与技能。全书由浅入深，循序渐进，力求做到图文并茂、形象直观、通俗易懂，让读者能够将理论与实际相结合，逐步掌握钳工的基本操作技能及相关工艺知识，从而具备分析问题、解决问题和完成生产任务的能力。

第二，采用工学一体化的编写方式，每个项目下设若干任务，每个任务为一个独立教学单元。内容强调实用性和可操作性，立足课堂，边做边学，体现以学生为主体，自主学习的学习要求。

第三，学习过程与考核评价一体化，体现教学标准与职业标准、教学过程与生产过程、学习评价与质量评价高度统一。

第四，将职业素养与安全文明生产理念贯穿于各个教学环节，引导学生树立正确的劳动价值观。为培养能够践行社会主义核心价值观、符合企业用人需求的准职业人才提供支持。

在本书的编写过程中，编者参阅了同类教材及相关资料，在此向原作者表示衷心的感谢。

由于编者水平有限，书中难免存在疏漏和不足，恳请读者不吝赐教，对书中不妥之处予以指正。

编　者

2023 年 12 月

目　录

绪　论

学习领域 1　划　线

学习领域 2　錾　削

学习领域 3　锯　削

绪　论

一、认识钳工

1. 钳工概述

钳工是机械制造中最古老的金属加工技术，是使用钳工工具或设备，主要从事工件的划线与加工、机器的装配调试、设备的安装与维修以及工具的制造与修理等工作的工种，应用在机械加工方法不方便或难以解决的场合。其特点是以手工操作为主、灵活性强、工作范围广、技术要求高，操作者的技能水平直接影响产品质量。因此，钳工是机械制造业中不可缺少的工种。

2. 钳工分类

目前，我国《国家职业技能标准》将钳工划分为装配钳工、机修钳工和工具钳工三类。

(1)装配钳工

装配钳工是指通过操作机械设备、仪器，使用工装、工具进行机械设备零件、组件或成品组合装配与调试的人员。

装配工作是产品制造工艺过程中的最后一道工序。产品质量的好坏除了取决于零件的加工质量以外，还取决于装配质量。其中装配工作的好坏，对产品的质量起着决定性作用。

(2)机修钳工

机修钳工是指使用工、量、刃具及辅助设备对各类设备进行安装、调试和维修的人员。

设备维修是对机械设备在使用过程中出现损坏、产生故障或长期使用后失去使用精度的零件进行维护和修理。

(3)工具钳工

工具钳工是指操作钳工工具及常用设备对刃具、模具、夹具、量具、索具、辅具等进行零件加工、修整、组合装配、调试与修理的人员。

3. 钳工基本技能

钳工的工作范围相当广泛，应掌握的基本技能有：划线、錾削、锯削、锉削、钻孔、扩孔、铰孔、攻螺纹和套螺纹、矫正和弯曲、铆接、刮削、研磨、技术测量、简单的热处理等，并能对部件或机器进行装配、调试和维修等。

二、钳工常用设备及安全文明生产规程

1. 钳工常用设备

1)钳台

钳台也称钳工台或钳桌,如图 0-1 所示,主要作用是安装台虎钳 。钳台高度一般保证安装台钳后使钳口高度与操作者的手肘平齐为宜。

2)台虎钳

台虎钳专门用于夹持工件。如图 0-2 所示,台虎钳的规格指钳口的宽度,常用的有 100 mm、125 mm、150 mm 等。其类型有固定式和回转式两种。

图 0-1 钳台

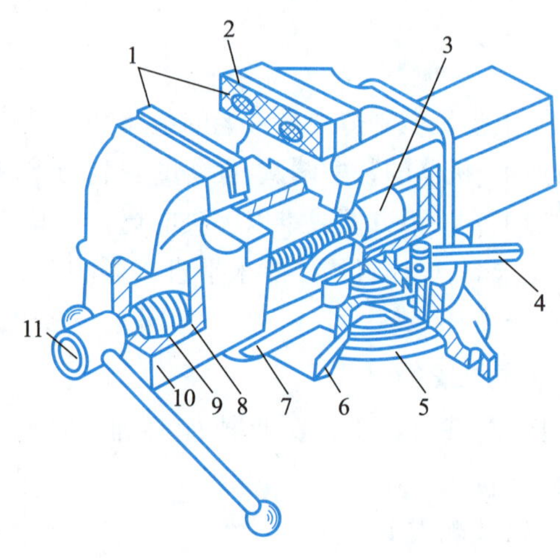

图 0-2 台虎钳

1—钳口;2—螺钉;3—螺母;4、12—手柄;5—夹紧盘;6—转盘座;7—固定钳身;8—挡圈;9—弹簧;10—活动钳身;11—丝杠

台虎钳安全操作规程:

①不要把工具放在台虎钳上,防止滑下来。

②使用旋转台虎钳时,必须拧紧固定螺钉。

③台虎钳的螺栓和螺母要经常擦洗和涂油,保持清洁。如果损坏,请勿使用。

④钳口应经常保持完好,平时磨削要及时修复,防止工件滑脱。夹具紧固螺栓应经常检查,以防松动,已滑脱的螺栓不允许使用。

⑤用台虎钳夹紧工件时,只能使用钳口最大行程的 2/3。不要在手柄上放管子或用锤子敲打手柄。

⑥工件必须放正夹紧,手柄朝下。

⑦工件超出钳口部分过长,要加支撑。装卸工件时,还要防止工件掉落伤人。

3)砂轮机

砂轮机(见图 0-3)是用来磨削各种刀具或工具的,如磨削錾子、钻头、刮刀、样冲、划针

等。砂轮机由电动机、砂轮、机座及防护罩等组成。使用砂轮机时，要戴好防护眼镜，拿稳打磨的刀具或零件。

砂轮机安全操作规程：

①砂轮机的防护罩必须完备牢固。

②操作者必须做好防护工作后（戴上防护眼镜，扎好长发等），才能进行工作。

③启动砂轮机后，操作者离开正面使其空转1 min。待砂轮机运转正常时，才能使用。

④在同一砂轮上，禁止两人同时使用，更不准在砂轮的侧面磨削；勿将操作物过度挤压在砂轮上，不能磨削性质不宜的材料。磨削时，操作者应站在砂轮机的侧面，不要站在砂轮机的正面，以防砂轮崩裂，发生事故。

⑤刃磨小工件要拿牢，以防挤入砂轮机内或挤在砂轮与托板之间，将砂轮挤碎。

⑥砂轮不准沾水，要经常保持干燥，以防沾水后失去平衡，发生事故。

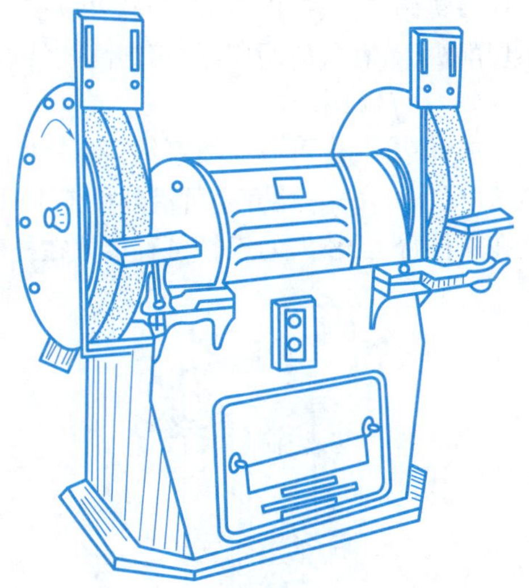

图 0-3　砂轮机

⑦砂轮磨薄，磨小后应及时更换，厚薄度与大小的更换标准可根据经验以保证安全为原则。

⑧砂轮机用完之后，应立即关闭电源，不要让砂轮机空转。

4）钻床

钻床是加工孔的设备。钳工常用的钻床有台式钻床和立式钻床以及摇臂钻床等。

（1）台式钻床

台式钻床简称台钻，如图 0-4 所示，是指可安放在作业台上，主轴竖直布置的小型钻床。台式钻床钻孔直径一般在 13 mm 以下，一般不超过 25 mm。其主轴变速一般通过改变三角带在塔型带轮上的位置来实现，主轴进给靠手动操作。

台式钻床主要作中小型零件钻孔、扩孔、铰孔、攻螺纹、刮平面等工作，在加工车间和模具修配车间使用，与国内外同类型机床比较，具有马力小、刚度高、精度高、刚性好，操作方便、易于维护的特点。

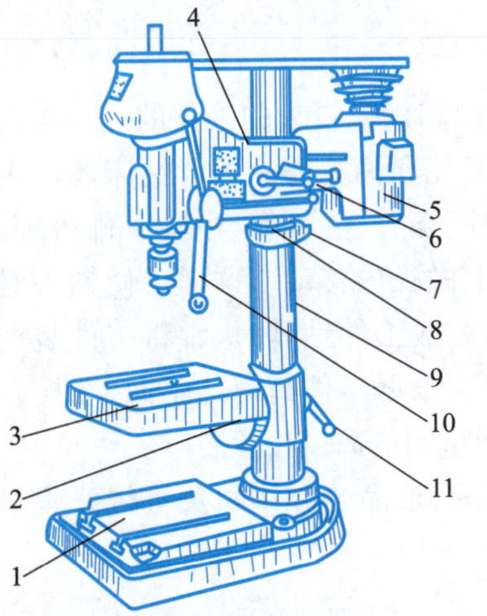

图 0-4　台式钻床

1—底座面；2—锁紧螺钉；3—工作台；4—头架；5—电动机；6—手柄；7—螺钉；8—保险环；9—立柱；10—进给手柄；11—锁紧手柄

（2）立式钻床

立式钻床是主轴竖直布置且中心位置固定的钻床，简称立钻，如图 0-5 所示。常用于机械制造和修配工厂加工中小型工件的孔，其规格有 25 mm、35 mm、40 mm、50 mm 等几种。

立式钻床加工前,须先调整工件在工作台上的位置,使被加工孔中心线对准刀具轴线。加工时,工件固定不动,主轴在套筒中旋转并与套筒一起作轴向进给。工作台和主轴箱可沿立柱导轨调整位置,以适应不同高度的工件。立式钻床作为钻床的一种,也是比较常见的金属切削机床,有着应用广泛、精度高的特点,适合于批量加工。

(3)摇臂钻床

摇臂钻床,也可称为横臂钻,是一种主轴箱可在摇臂上左右移动,并随摇臂绕立柱回转的钻床(见图0-6)。摇臂还可沿外柱上下升降,以适应加工不同高度的工件。较小的工件可安装在工作台上,较大的工件可直接放在机床底座或地面上。

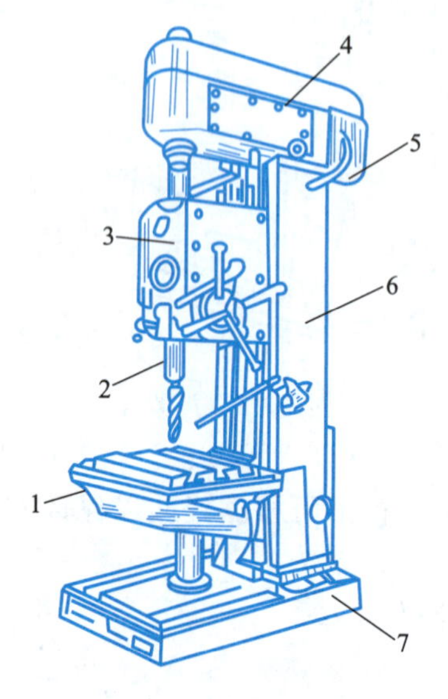

图0-5 立式钻床

1—工作台;2—主轴;3—进给变速箱;4—主轴变速箱;5—电动机;6—床身;7—底座

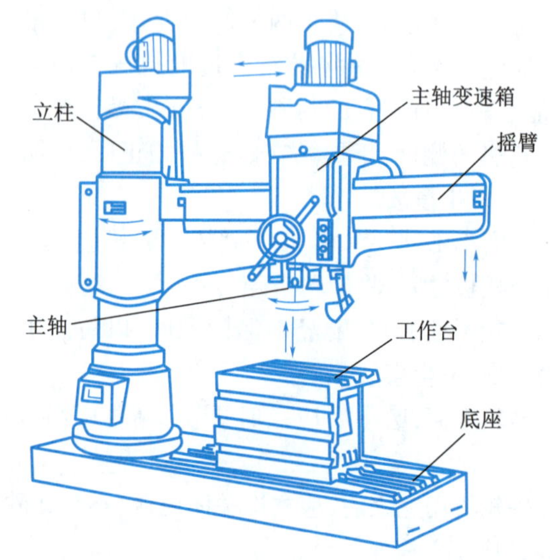

图0-6 摇臂钻床

摇臂钻床广泛应用于单件和中小批生产中,加工体积和重量较大的工件的孔。摇臂钻床加工范围广,可用来钻削大型工件的各种螺钉孔、螺纹底孔和油孔等。摇臂钻床还可用于加工笨重工件或多孔工件上的中小型孔,主要由底座、立柱、摇臂、主轴箱、主轴工件台等组成。摇臂钻床工作时,摇臂可绕立柱旋转,主轴箱可在摇臂上做径向移动。这样可使钻头对准每一个被加工孔的轴线,以便进行孔加工。使用较灵活。一般工件钻孔时,常将工件装夹在工作台上。大型工件加工时,可将工件装夹在钻床底座上。根据工件高度的不同,在松开锁紧装置后,摇臂可沿立柱做上下移动,使主轴箱及钻头处于恰当的高度位置。

摇臂钻床一般配置在机械产品单件、小批量生产车间,产品装配车间及机械修理车间等生产场合。

钻床安全操作规程:

①操作者必须了解钻床的结构和性能,并在实习老师的指导下进行操作。

②操作者要穿好工作服,扎紧袖口,女同学必须戴好帽子,并将头发塞到帽子里,以免被钻床转动的部分卷入。

③多人共用一台钻床时,只能一人操作,身体不能过于贴近主轴,并注意他人安全。

④开机前先空转 1~2 min，确定运转正常后方可钻削加工。要及时清理钻削废料，铁屑要用毛刷等工具清理，不能用手抹或嘴吹。

⑤工件、钻头夹紧必须稳固牢靠，在手持工件钻孔时应特别小心，以免工件或夹具飞出发生事故。

⑥钻孔到一定深度，要及时将钻头退出散热和排屑。

⑦钻通孔时，工件下面应放置垫块，或将钻头对正钻床工件台的空当，以免损坏钻床工作台面。通孔将要钻穿时，要减小进给量，以免因用力过大而损坏工件或钻头。

⑧严禁穿拖鞋、戴手套操作钻床。

⑨更换钻头时应先关闭电源开关，待钻头停止转动时方可更换。

⑩不准随便拆装机床，不准乱动电器设备。发现机床有故障时，要及时请有关人员修理。

钳工安全文明生产的基本要求：

①合理布局主要设备。钳台要放在便于工作和光线适宜的地方，台式钻床和砂轮机一般应安装在场地的边沿，以保证安全。

②使用电动工具时，要有绝缘防护和安全接地措施，发现损坏应及时上报，在未修复前不得使用。使用砂轮时，要戴好防护眼镜，钳台上要有防护网。清除切屑要用刷子，不要直接用手清除或用嘴吹。

③毛坯和加工零件应放在规定位置，要排列整齐平稳，便于取放，避免碰伤已加工面。

④工、量具的安放，应按下列要求布置：

(a)为取用方便，右手取用的工、量具放在右边，左手取用的工、量具放在左边，且排列整齐，不能使其伸到钳台边以外。

(b)量具不能与工具或工件混放在一起，应放在量具盒内或专用板架上。精密的工、量具更要轻拿轻放。

(c)工、量具要整齐地放入工具箱内，不应任意堆放，以防受损和取用不便。工、量具用后要及时维护、存放。

(d)保持工作场地的整洁。工作完毕后，对所用过的设备都应按要求清理、润滑，对工作场地要及时清扫干净，并将切屑及污物及时运送到指定地点。

学习领域1

划　线

理论知识

一、划线概述

划线是指在毛坯或工件上，用划线工具划出待加工部位的轮廓线或作为基准的点和线(见图1-1)。

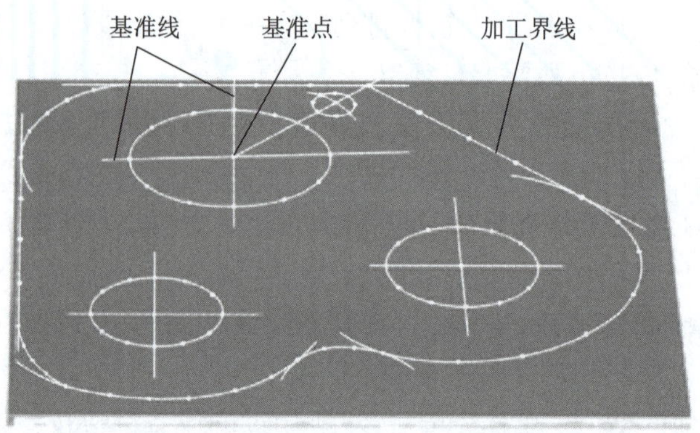

图1-1　划线的基准及加工界线

1. 划线的分类

划线分平面划线(见图1-2)和立体划线(见图1-3)两种。

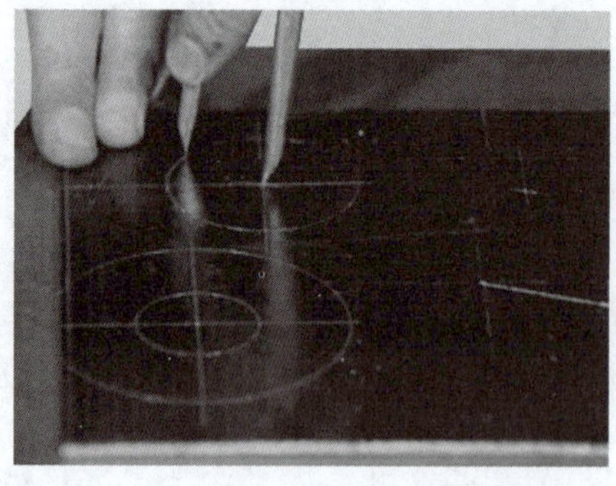

图1-2　平面划线

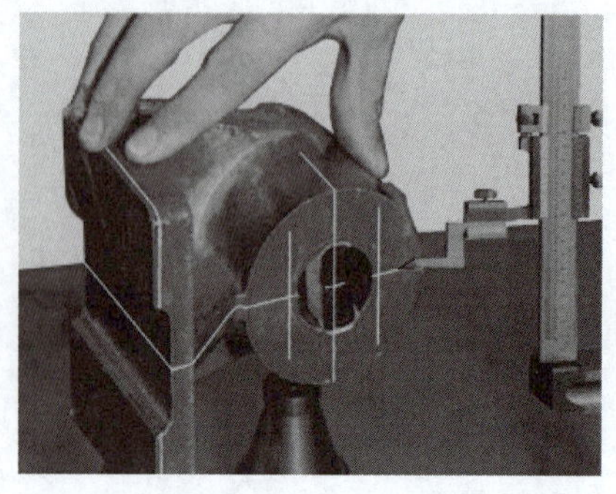

图1-3　立体划线

2. 划线的作用

①确定工件的加工余量,使机械加工有明确的尺寸界线。

②便于复杂工件在机床上装夹,可按划线找正定位。

③能够及时发现和处理不合格的毛坯,避免加工后造成损失。

④采用借料划线可使误差不大的毛坯得到补救,提高毛坯的利用率。

二、划线工具与涂料

1. 常用划线工具及用途

常用划线工具及其用途见表1-1。

表1-1 常用划线工具及其用途

名称	用途
划线平板	由铸铁毛坯经精刨或刮削制成。其作用是安放工件和划线工具并在其工作面上完成划线及检测过程。一般用木架搁置,放置时应使平板工作面处于水平状态
划线盘	用来直接在工件上划线或找正工件位置。一般情况下,划线盘的直头端用来划线,弯头端用来找正工件位置
划针	划线用的基本工具。常用的划针是用 $\phi3\sim\phi6$ mm 的弹簧钢丝或高速钢制成,其长度约为 200~300 mm,尖端磨成 15°~20°的尖角,并经热处理淬硬,以提高其硬度和耐磨性(硬度可达 55~60 HRC)
划规	用来划圆和圆弧、等分线段、等分角度及量取尺寸等。一般用工具钢制成,脚尖经热处理,硬度可达 48~53 HRC。有的划规在两脚端部焊上一段硬质合金,使用时,耐磨性更好。 划规两脚的长短要磨得稍有不同,而且两脚合拢时脚尖能靠紧,才能划出尺寸较小的圆弧
锁紧螺钉 滑杆 针尖 针尖 长划规	专门用来划大尺寸圆或圆弧。在滑杆上调整两个划规脚,就可得到所需要的尺寸

续上表

名称	用途
单脚划规	用碳素工具钢制成，尖端焊上高速钢。可用来求出圆形工件的中心，操作比较方便。也可沿加工好的平面划平行线
游标高度卡尺	常用的有 0~200 mm、0~300 mm 等规格，既可以用来测量高度，又可以用量爪直接划线
样冲	用于在所划的线条或圆弧中心上冲眼。一般用工具钢制成，并经热处理，硬度可达 55~60 HRC，其顶角约为 40°或 60°（顶角为 40°的样冲用于加强界限标记时用，顶角为 60°的样冲用于钻孔定中心时用）
90°角尺	划线时可作为划垂直线或平行线的导向工具，同时可用来找正工件在平板上的垂直位置
划线方箱	方箱上的 V 形槽平行于相应的平面，它用于装夹圆柱形工件。划线时，可用 C 形夹头将工件夹于方箱上，再通过翻转方箱，便可以在一次安装的情况下，将工件上互相垂直的三个方向的线全部划出来
V形架	一般的 V 形架都是两块一副，V 形槽夹角为 90°或 120°，主要用于支承轴类工件
平行垫铁　斜楔垫铁	垫铁一般有平行垫铁和斜楔垫铁。平行垫铁相对的两个平面互相平行，每副平行垫铁有两块，两块的高和宽两个尺寸是一起磨出的。平行垫铁常有许多副，其尺寸各不相同，主要用来把工件平行垫高。斜楔垫铁用于支承和调整各种毛坯件，也可用于微量调节工件的高低
千斤顶	用来支持毛坯或形状不规则的工件进行立体划线。它可调整工件的高度，以便安装不同形状的工件

2. 划线用涂料

常用划线涂料配方和应用见表1-2。

表1-2 常用划线涂料配方和应用

名称	配制比例	应用场合
石灰水	稀糊状熟石灰水加适量牛皮胶调和而成	表面粗糙的铸件、锻件毛坯
蓝油	2%~4%龙胆紫加3%~5%虫胶漆和91%~95%酒精混合而成	已加工表面

三、划线基准的选择

基准是指图样(或工件)上用来确定生产对象上几何要素间的几何关系所依据的那些点、线、面。设计时,在图样上所采用的基准,称为设计基准;划线时,在工件上所采用的基准,称为划线基准。

划线时应从划线基准开始。划线基准选择的基本原则是应尽可能使划线基准与设计基准相一致。如图1-4所示,为以两个互相垂直的平面(或直线)为基准;图1-5所示为以两条互相垂直的中心线为基准;图1-6所示为以一个平面和一条中心线为基准。

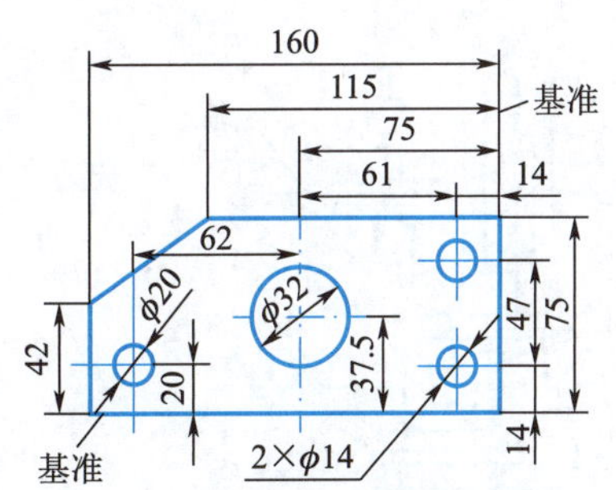

图1-4 以两个互相垂直的平面(或直线)为基准

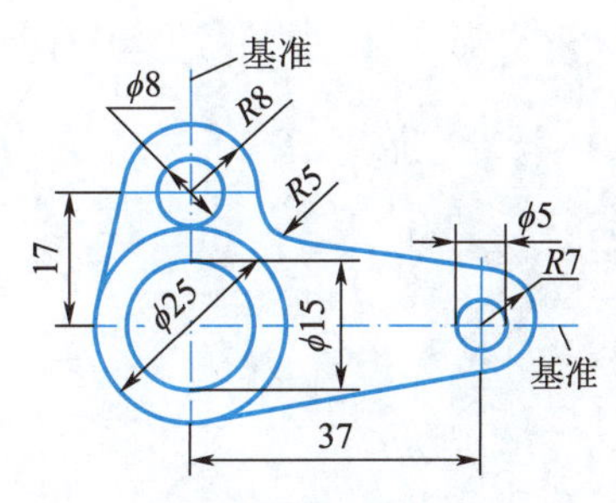

图1-5 以两条互相垂直的中心线为基准

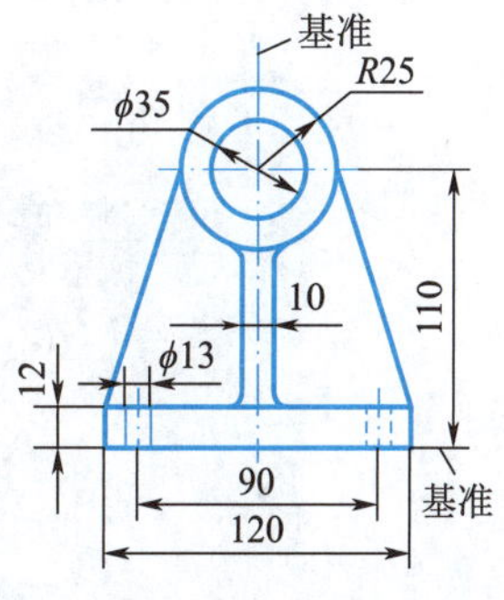

图1-6 以一个平面和一条中心线为基准

四、划线前的准备工作

划线前的准备工作步骤如下:

①分析图样,了解工件的加工部位和要求,选择好划线基准。

②清理工件,对铸、锻件毛坯,应将型砂、毛刺、氧化皮去除掉,并用钢丝刷清理干净,对已生锈的半成品,要将浮锈刷掉。

③在工件的划线部位涂色,要求涂的薄而均匀。

④在工件孔中安装中心塞块。

⑤擦净划线平板,准备好划线工具。

五、划线时的找正和借料

1. 找正

找正就是利用划线工具使工件上有关的表面与基准面(如划线平板)之间处于合适的位置。

①当工件上有不加工表面时,应按不加工表面找正后再划线,这样可使加工表面与不加

工表面之间保持尺寸均匀。

②当工件上有两个以上的不加工表面时,应选择重要的或较大的表面为找正依据,并兼顾其他不加工表面,这样可使划线后的加工表面与不加工表面之间尺寸比较均匀,而使误差集中到次要或不明显的部位。

③当工件上没有不加工表面时,通过对各加工表面自身位置的找正后再划线,可使各加工表面的加工余量得到合理分配,避免加工余量相差悬殊。

2. 借料

借料就是通过试划和调整,将各加工表面的加工余量合理分配,互相借用,从而保证各加工表面都有足够的加工余量,而误差或缺陷可在加工后排除。借料的步骤如下:

①测量工件的误差情况,找出偏移部位并测出偏移量。

②确定借料方向和大小,合理分配各部位的加工余量,划出基准线。

③以基准线为依据,按图样要求,依次划出其余各线。

六、分度头划线

分度头(见图 1-7)是铣床上用来等分圆周用的附件。

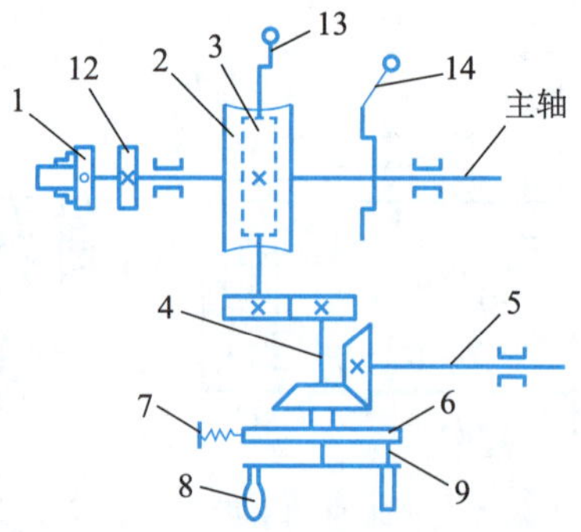

图 1-7　分度头外形图及分度头传动系统图

1—卡盘;2—蜗轮;3—蜗杆;4—轴;5—挂轮轴;6—分度盘;7—锁紧螺钉;8—手柄;9—定位插销;10—分度叉;11—回转体;12—刻度盘;13—蜗杆脱落手柄;14—主轴锁紧手柄

分度头的分度原理是:当手柄 8 转一周,单头蜗杆 3 也转一周,与蜗杆啮合的 40 个齿的蜗轮 2 转一个齿,即转 1~40 周,被三爪自定心卡盘夹持的工件也转 1~40 周。如果将工件作 z 等分,则每次分度主轴应转 1~z 周,分度手柄 8 每次分度应转过的圈数为:$n=\frac{40}{z}$(n 为分度手柄转数;z 为工件的等分数)。

分度盘的孔数见表 1-3。

表 1-3　分度盘的孔数

分度头型式	分度盘的孔数
带一块分度盘	正面:24,25,28,30,34,37,38,39,41,42,43 反面:46,47,49,51,53,54,57,58,59,62,66
带两块分度盘	第一块　正面:24,25,28,30,34,37　反面:38,39,41,42,43 第二块　正面:46,47,49,51,53,54　反面:57,58,59,62,66

项目1 平面划线1

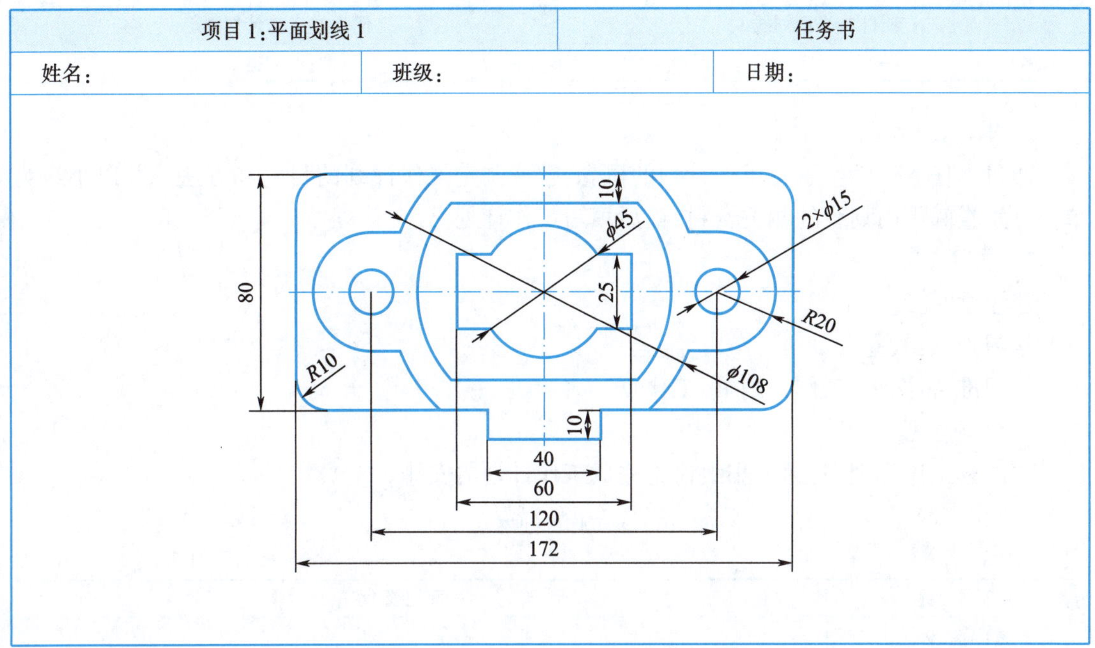

项目1:平面划线1		任务书
姓名:	班级:	日期:

学习目标

1. 掌握划线工具的种类和使用方法。
2. 能正确识图,并表述零件形状、尺寸、材料等。
3. 能合理选用并正确使用划线的工具和辅具。
4. 能正确使用钢直尺、刀口角尺对零件进行检测,并准确记录测试结果。
5. 能按加工工艺步骤对零件进行划线,并用专业术语进行交流。
6. 根据现场管理规范要求,清理场地,归置物品并按环保要求处理废弃物。

项目描述

在200 mm×100 mm×1 mm的铁板上划出零件图纸要求的图形。

教师以此作为教学任务,提供工作图样,通过学生分组讨论,制定最简便的工艺制作流程,并在规定时间内保质保量完成任务。

任务1　工作计划制定

项目1:平面划线1		任务1:工作计划制定
姓名:	班级:	日期:

1. 学习目标

通过本任务使学生了解工作计划的概念,掌握制定工作计划的目的和方法。并以小组为单位分别查阅平面划线的相关资料,最后填写工作计划书。

2. 学习安排

建议学时:2学时。

学习地点:教室。

学习准备:图纸、工作计划书、工作页。

3. 学习过程

请阅读工作计划书,通过小组讨论完成工作计划的安排。

工作计划书

日期:　　年　月　日

项目名称	平面划线1		
工作目标			
执行措施			
执行步骤			
材料牌号		所需工、量具	
接受任务时间	年　月　日	完成任务时间	年　月　日
预计完成数量		实际完成数量	
计划制定人		计划承办人	

小提示:执行措施主要是指为达到既定的目标而采取的手段、动员的力量、创造的条件以及需要排除的困难等方面。

引导问题1:如何绘制平行线?

引导问题2:如何绘制圆弧连接?

引导问题3:如何选用涂料?

引导问题4:如何确保图样清晰准确?

任务2 划线操作过程

项目1:平面划线1		任务2:划线操作过程
姓名:	班级:	日期:

1. 学习目标

按照工件图样独立完成划线工作,在此过程中进一步强化划线工具的使用方法。

2. 学习安排

建议学时:2学时。

学习地点:实训室。

学习准备:图纸、工作计划书、工作页。

3. 学习过程

依据平面划线1的机械加工过程卡片,独立完成划线工作。

机械加工过程卡				零件名称	平面划线1	
				材料牌号	Q235	
				毛坯尺寸	200 mm×100 mm×1 mm	
序号	工序名称	工序内容	工序简图	工艺装备	辅具	设备
1	钳	选定基准、并划出基准线	80 172	钢直尺、划针、划规、榔头、样冲、平板等	涂料	
2	钳	划出172×80、60×25等边框线	80 40 60 172	钢直尺、划针、划规、榔头、样冲、平板等		

续上表

<table>
<tr><td colspan="4" rowspan="3">机械加工过程卡</td><td>零件名称</td><td colspan="2">平面划线 1</td></tr>
<tr><td>材料牌号</td><td colspan="2">Q235</td></tr>
<tr><td>毛坯尺寸</td><td colspan="2">200 mm×100 mm×1 mm</td></tr>
<tr><td>序号</td><td>工序名称</td><td>工序内容</td><td>工序简图</td><td>工艺装备</td><td>辅具</td><td>设备</td></tr>
<tr><td>3</td><td>钳</td><td>划出各孔及圆弧</td><td>80, 10, φ45, 2×φ15, 25, R20, R10, φ108, 10, 40, 60, 120, 172</td><td>钢直尺、划针、划规、榔头、样冲、平板等</td><td></td><td></td></tr>
<tr><td>4</td><td>钳</td><td>对照图纸检查</td><td>80, 10, φ45, 2×φ15, 25, R20, R10, φ108, 10, 40, 60, 120, 172</td><td>钢直尺、划规、角尺、平板等</td><td></td><td></td></tr>
<tr><td colspan="2">更改内容</td><td colspan="5"></td></tr>
<tr><td>编制</td><td>校对</td><td></td><td>批准</td><td></td><td>审核</td><td></td></tr>
</table>

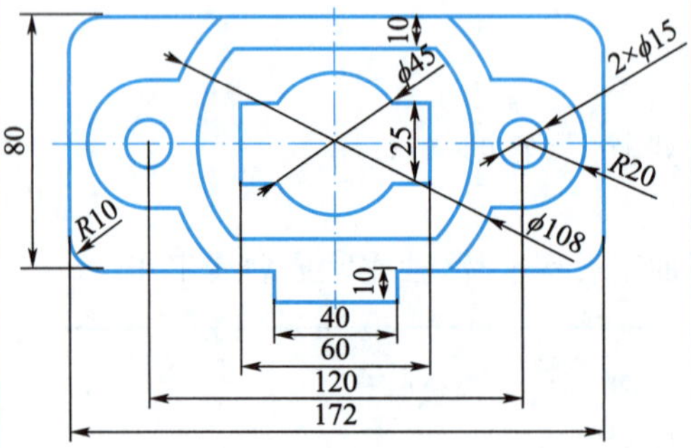

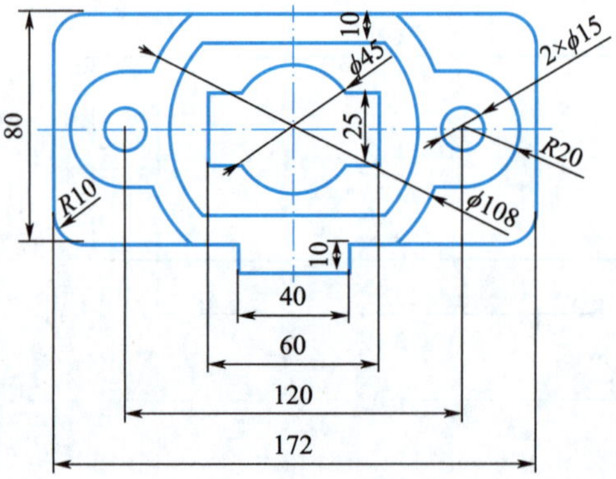

任务3　检验与评估

项目1:平面划线1		任务3:检验与评估
姓名:	班级:	日期:

序号	位置编号	目视检查	评价10~0分		
1					
2					
3					
4					
5					
6					
7					
8					
		目视检查中的中间成绩			
		检查人签名			

序号	位置编号	尺寸检查	误差	实际尺寸	评价10~0分		
1							
2							
3							
4							
5							
6							
7							
8							
				尺寸检查中的中间成绩			
				检查人签名			

任务4　工作总结与作品展示

项目1:平面划线1		任务4:工作总结与作品展示
姓名:	班级:	日期:

1. 学习目标

通过作品展示这一环节,给学生提供一个自我展示的平台,以小组为单位派出代表介绍本组的优秀作品。在此过程中培养学生们的语言沟通能力,并在和其他同学的交流中认识到自身所存在的差距,从而取长补短,最终达到提高学习积极性的目的。

2. 学习安排

建议学时:1学时。

学习地点:教室。

3. 学习过程

引导问题1:你通过平面划线1的制作学到了什么?

____

____

____

____

引导问题2:你制作的零件存在哪些质量缺陷?是由什么原因导致的?下次如果遇到类似问题该如何避免?

____

____

____

____

学习要点记录

____

____

____

____

____

项目2　平面划线2

<table>
<tr><td colspan="2">项目2:平面划线2</td><td colspan="2">任务书</td></tr>
<tr><td>姓名:</td><td colspan="2">班级:</td><td>日期:</td></tr>
<tr><td colspan="4">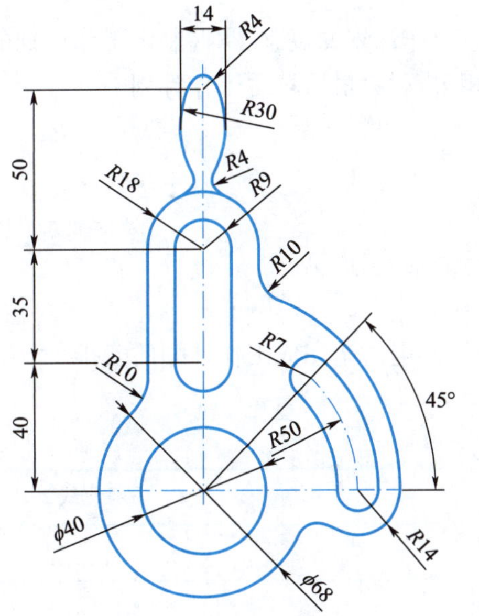
</td></tr>
</table>

学习目标

1. 掌握划线工具的种类和使用方法。
2. 能正确识图,并表述零件形状、尺寸、材料等。
3. 能合理选用并正确使用划线的工具和辅具。
4. 能正确使用钢直尺、刀口角尺对零件进行检测,并准确记录测试结果。
5. 能按加工工艺步骤对零件进行划线,并用专业术语进行交流。
6. 根据现场管理规范要求,清理场地,归置物品并按环保要求处理废弃物。

项目描述

在200 mm×100 mm×1 mm的铁板上划出零件图纸要求的图形。

教师以此作为教学任务,提供工作图样,通过学生分组讨论,制定最简便的工艺制作流程,并在规定时间内保质保量完成任务。

任务1　工作计划制定

项目 2:平面划线 2		任务 1:工作计划制定
姓名:	班级:	日期:

1. 学习目标

通过本任务使学生了解工作计划的概念,掌握制定工作计划的目的和方法。并以小组为单位分别查阅平面划线的相关资料,最后填写工作计划书。

2. 学习安排

建议学时:2 学时。

学习地点:教室。

学习准备:图纸、工作计划书、工作页。

3. 学习过程

请阅读工作计划书,通过小组讨论完成工作计划的安排。

工作计划书

日期:　　年　月　日

项目名称	平面划线 2		
工作目标			
执行措施			
执行步骤			
材料牌号		所需工、量具	
接受任务时间	年　月　日	完成任务时间	年　月　日
预计完成数量		实际完成数量	
计划制定人		计划承办人	

小提示:执行措施主要是指为达到既定的目标而采取的手段、动员的力量、创造的条件以及需要排除的困难等方面。

引导问题 1:圆弧连接有哪几种类型?

______

引导问题 2:绘制圆弧连接时如何能准确找到过渡圆弧的圆心?

______

______

任务2 划线操作过程

项目2:平面划线2		任务2:划线操作过程
姓名:	班级:	日期:

1. 学习目标

按照工件图样独立完成划线工作,在此过程中进一步强化划线工具的使用方法。

2. 学习安排

建议学时:2学时。

学习地点:实训室。

学习准备:图纸、工作计划书、工作页。

3. 学习过程

依据平面划线2的机械加工过程卡片,独立完成划线工作。

机械加工过程卡				零件名称	平面划线2	
				材料牌号	Q235	
				毛坯尺寸	200 mm×100 mm×1 mm	
序号	工序名称	工序内容	工序简图	工艺装备	辅具	设备
1	钳	选定基准面、并划出两中心线为基准线		钢直尺、划针、划规、榔头、样冲、平板等	涂料	
2	钳	划出40、35、50等直线	50 35 40	钢直尺、划针、划规、榔头、样冲、平板等		

续上表

机械加工过程卡				零件名称	平面划线 2	
				材料牌号	Q235	
				毛坯尺寸	200 mm×100 mm×1 mm	
序号	工序名称	工序内容	工序简图	工艺装备	辅具	设备
3	钳	划出各孔	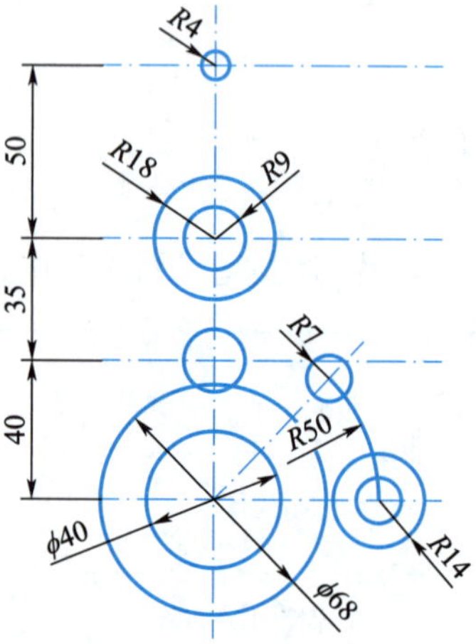	钢直尺、划针、划规、榔头、样冲、平板等		
4	钳	划出各重要连接圆弧	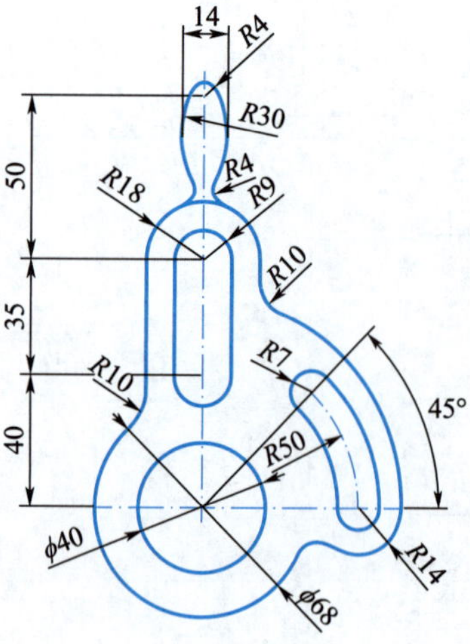	钢直尺、划针、划规、榔头、样冲、平板等		

续上表

机械加工过程卡				零件名称	平面划线 2	
				材料牌号	Q235	
				毛坯尺寸	200 mm×100 mm×1 mm	
序号	工序名称	工序内容	工序简图	工艺装备	辅具	设备
5	钳	检查	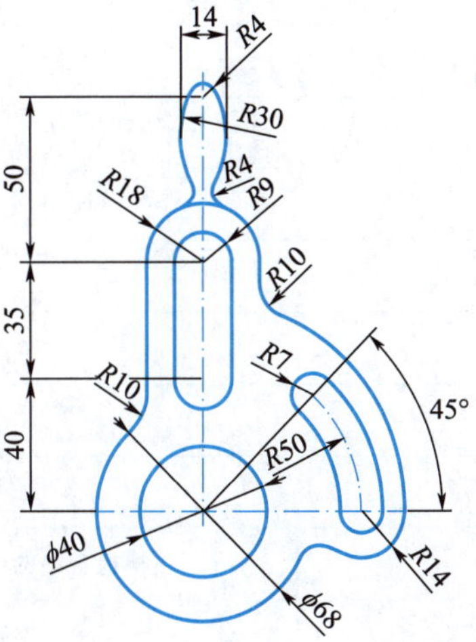	钢直尺、划规、角尺、平板等		
更改内容						
编制	校对		批准		审核	

学习要点记录

任务3　检验与评估

项目2:平面划线2		任务3:检验与评估
姓名:	班级:	日期:

序号	位置编号	目视检查	评价10~0分		
1					
2					
3					
4					
5					
6					
7					
8					
		目视检查中的中间成绩			
		检查人签名			

序号	位置编号	尺寸检查	误差	实际尺寸	评价10~0分		
1							
2							
3							
4							
5							
6							
7							
8							
				尺寸检查中的中间成绩			
				检查人签名			

任务4 工作总结与作品展示

项目2:平面划线2		任务4:工作总结与作品展示
姓名:	班级:	日期:

1. 学习目标

通过作品展示这一环节,给学生提供一个自我展示的平台,以小组为单位派出代表介绍自己组的优秀作品。在此过程中培养学生们的语言沟通能力,并在和其他同学的交流中认识到自身所存在的差距,从而取长补短,最终达到提高学习积极性的目的。

2. 学习安排

建议学时:1学时。

学习地点:教室。

3. 学习过程

引导问题1:你通过平面划线2的制作学到了什么?

____

____

____

引导问题2:你制作的零件存在哪些质量缺陷?是由什么原因导致的?下次如果遇到类似问题该如何避免?

____

____

____

____

____

____

学习要点记录

____

____

____

____

____

项目 3　立体划线

项目 3:立体划线		任务书
姓名:	班级:	日期:

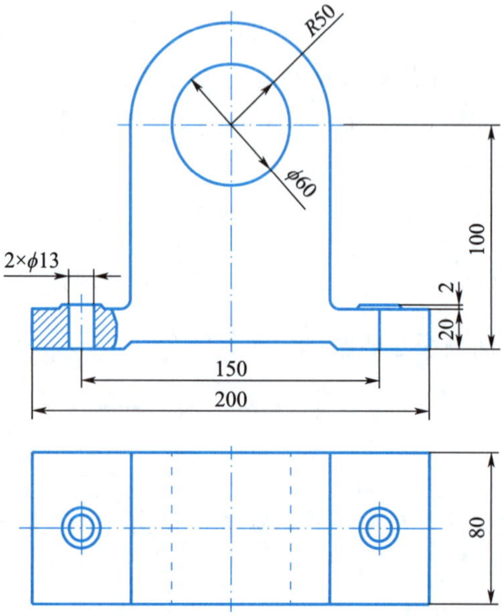

R50
ϕ60
100
2×ϕ13
2
20
150
200
80

学习目标

1. 掌握划线工具的种类和使用方法。
2. 能正确识图,并表述零件形状、尺寸、材料等。
3. 能合理选用并正确使用划线的工具和辅具。
4. 能正确使用钢直尺、刀口角尺、划线盘对零件进行检测,并准确记录测试结果。
5. 能按加工工艺步骤对零件进行划线,并用专业术语进行交流。
6. 根据现场管理规范要求,清理场地,归置物品并按环保要求处理废弃物。

项目描述

在轴承座上划出零件图纸要求的图形。

教师以此作为教学任务,提供工作图样,通过学生分组讨论,制定最简便的工艺制作流程,并在规定时间内保质保量完成任务。

任务1 工作计划制定

项目3:立体划线		任务1:工作计划制定
姓名:	班级:	日期:

1. 学习目标

通过本任务使学生了解工作计划的概念,掌握制定工作计划的目的和方法。并以小组为单位分别查阅平面划线的相关资料,最后填写工作计划书。

2. 学习安排

建议学时:2 学时。

学习地点:教室。

学习准备:图纸、工作计划书、工作页。

3. 学习过程

请阅读工作计划书,通过小组讨论完成工作计划的安排。

工作计划书

日期: 年 月 日

项目名称	立体划线		
工作目标			
执行措施			
执行步骤			
材料牌号		所需工、量具	
接受任务时间	年 月 日	完成任务时间	年 月 日
预计完成数量		实际完成数量	
计划制定人		计划承办人	

小提示:执行措施主要是指为达到既定的目标而采取的手段、动员的力量、创造的条件以及需要排除的困难等方面。

引导问题1:如何选择涂料?

____

引导问题2:如何选择轴承座毛坯的第一划线位置?

____

____

引导问题3:什么是找正?如何应用?

____

____

引导问题4:什么是借料?如何应用?

____

____

任务2　划线操作过程

项目3:立体划线		任务2:划线操作过程
姓名:	班级:	日期:

1. 学习目标

按照工件图样独立完成划线工作,在此过程中进一步强化划线工具的使用方法。

2. 学习安排

建议学时:2学时。

学习地点:实训室。

学习准备:图纸、工作计划书、工作页。

3. 学习过程

依据立体划线的机械加工过程卡片,独立完成划线工作。

机械加工过程卡				零件名称	立体划线	
				材料牌号	Q235	
				毛坯尺寸	210 mm×170 mm×90 mm	
序号	工序名称	工序内容	工序简图	工艺装备	辅具	设备
1	钳	识图及准备		钢直尺、划针盘、划规、榔头、样冲、千斤顶、平板等	涂料	
2	钳	根据孔中心及上平面调节千斤顶使工件水平		钢直尺、划针盘、划规、榔头、样冲、千斤顶、平板等		

续上表

机械加工过程卡				零件名称	立体划线	
				材料牌号	Q235	
				毛坯尺寸	210 mm×170 mm×90 mm	
序号	工序名称	工序内容	工序简图	工艺装备	辅具	设备
3	钳	划底面加工线和大孔的水平中心线	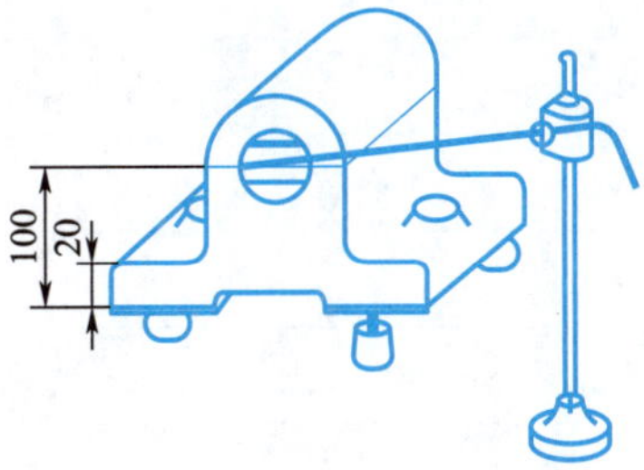	钢直尺、划针盘、塞铁、划规、榔头、样冲、千斤顶、平板等		
4	钳	旋转90°，用角尺找正，划出大孔的垂直中心线及螺纹孔中心线	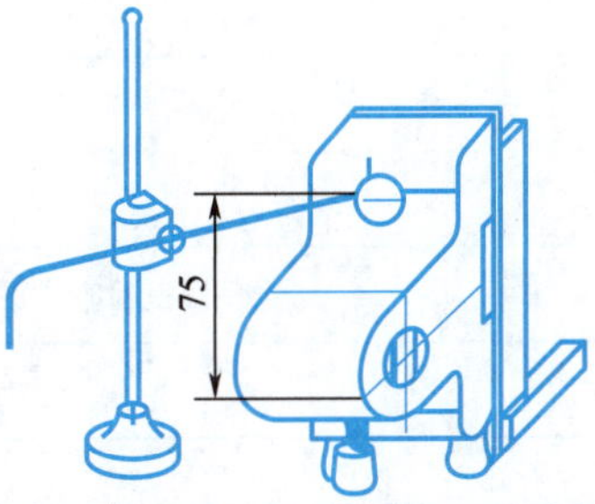	钢直尺、划针盘、塞铁、划规、榔头、样冲、千斤顶、平板等		
5	钳	再次旋转90°，用角尺两个方向找正划螺纹孔另一方向的中心线及大端面加工线	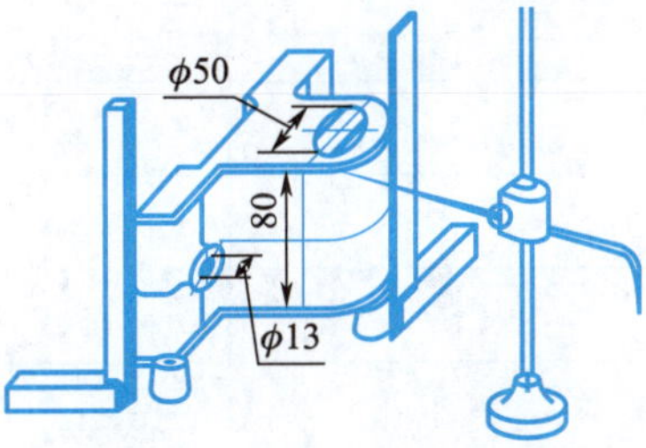	钢直尺、划针盘、塞铁、划规、榔头、样冲、千斤顶、平板等		
6	钳	检查并打样冲	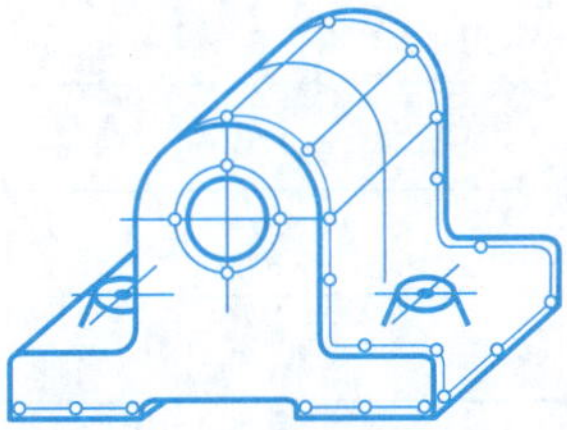	钢直尺、划针盘、塞铁、划规、榔头、样冲、千斤顶、平板等		
更改内容						
编制	校对		批准		审核	

任务 3　检验与评估

项目 3:立体划线		任务 3:检验与评估
姓名:	班级:	日期:

序号	位置编号	目视检查	评价 10~0 分		
1					
2					
3					
4					
5					
6					
7					
8					
		目视检查中的中间成绩			
		检查人签名			

序号	位置编号	尺寸检查	误差	实际尺寸	评价 10~0 分		
1							
2							
3							
4							
5							
6							
7							
8							
				尺寸检查中的中间成绩			
				检查人签名			

任务4 工作总结与作品展示

项目3:立体划线		任务4:工作总结与作品展示
姓名:	班级:	日期:

1. 学习目标

通过作品展示这一环节,给学生提供一个自我展示的平台,以小组为单位派出代表介绍自己组的优秀作品。在此过程中培养学生们的语言沟通能力,并在和其他同学的交流中认识到自身所存在的差距,从而取长补短,最终达到提高学习积极性的目的。

2. 学习安排

建议学时:1学时。

学习地点:教室。

3. 学习过程

引导问题1:你通过立体划线的制作学到了什么?

引导问题2:你制作的轴承座零件存在哪些质量缺陷?是由什么原因导致的?下次如果遇到类似问题该如何避免?

学习要点记录

学习领域 2 錾削

理论知识

一、錾削

用手锤敲击錾子对金属工件进行切削加工的方法称为錾削,如图 2-1 所示。

1. 錾削工具

(1)錾子

錾子是錾削用的刀具,一般用碳素工具钢(T7A)锻成,它由头部、錾身及切削部分组成,如图 2-2 所示。头部顶端略带球形,以便锤击时作用力容易通过錾子中心线。錾身部分为便于把持,多成八棱形,以防止錾削时錾子转动。切削部分刃磨成楔形,经热处理后硬度达到 56~62 HRC。

图 2-1 錾削

切削部分　錾身　头部

图 2-2 錾子的组成

錾子的种类及用途见表 2-1。

表 2-1 錾子的种类及用途

名称	用途
扁錾	切削部分扁平,刃口略带弧形。常用于錾削平面、分割材料及去毛边等

续上表

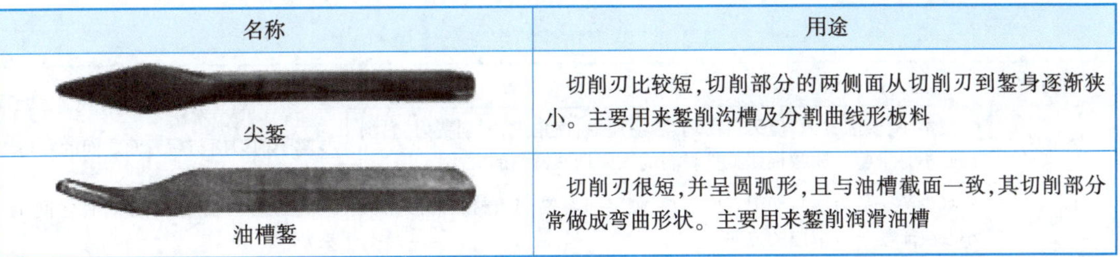

名称	用途
尖錾	切削刃比较短，切削部分的两侧面从切削刃到錾身逐渐狭小。主要用来錾削沟槽及分割曲线形板料
油槽錾	切削刃很短，并呈圆弧形，且与油槽截面一致，其切削部分常做成弯曲形状。主要用来錾削润滑油槽

錾子的应用：如图2-3所示为扁錾的应用，图2-4所示为尖錾的应用，图2-5所示为油槽錾的应用。

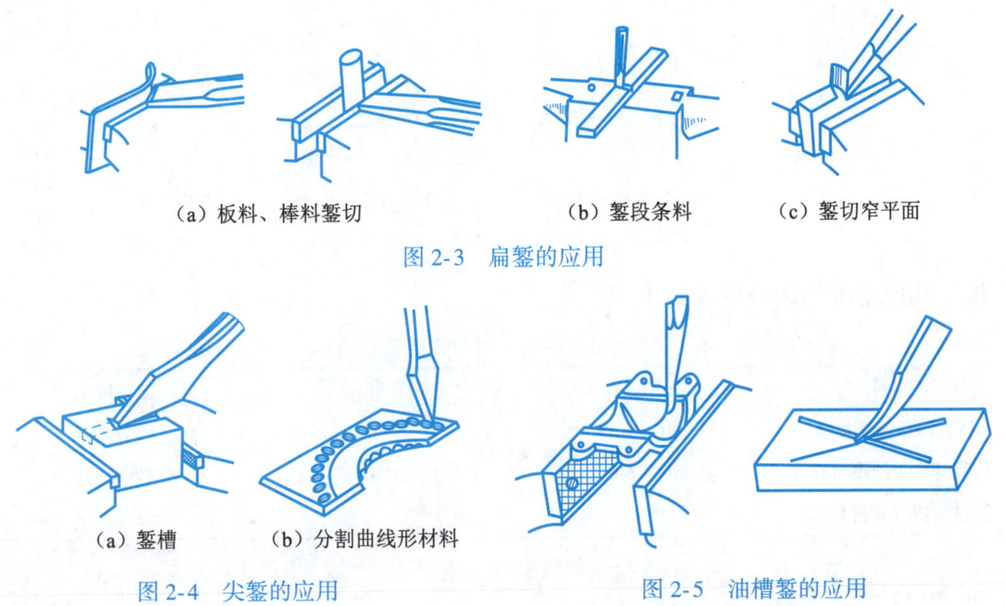

（a）板料、棒料錾切　（b）錾段条料　（c）錾切窄平面

图2-3　扁錾的应用

（a）錾槽　（b）分割曲线形材料

图2-4　尖錾的应用

图2-5　油槽錾的应用

(2)锤子

锤子是装配钳工常用的敲击工具，它由锤体、锤柄和倒楔三部分组成，如图2-6所示。

2. 錾削角度

錾削时，錾子与工件之间应形成适当的切削角度，如图2-7所示。

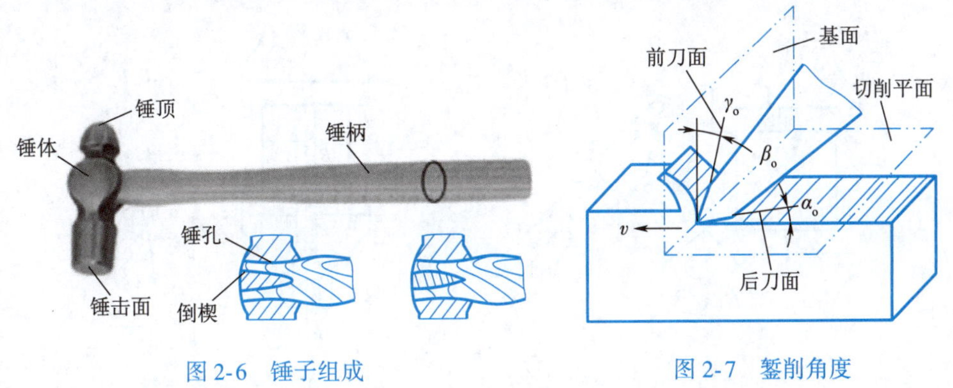

图2-6　锤子组成

图2-7　錾削角度

錾削角度的定义及作用见表 2-2。

表 2-2 錾削角度的定义及作用

錾削角度	作用	定义
楔角 β_o	楔角小，錾削省力，但刃口薄弱，容易崩损；楔角大，錾削费力，錾削表面不易平整。通常根据工件材料的软硬选取楔角的大小	錾子前刀面与后刀面之间的夹角
后角 α_o	减少錾子后刀面与切削表面摩擦，使錾子容易切入材料。后角大小取决于錾子被掌握的方向	錾子后刀面与切削平面之间的夹角
前角 γ_o	减小切屑变形，使切削轻快。前角越大，切削越省力	錾子前刀面与基面之间的夹角

后角大小对錾削的影响如图 2-8 所示。

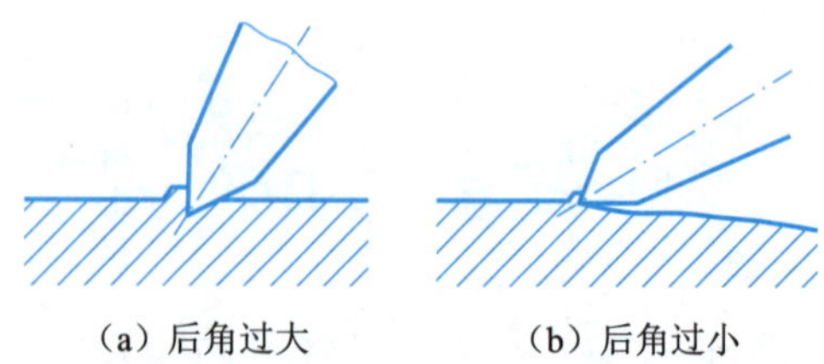

图 2-8 后角对錾削的影响

錾子几何角度的选择见表 2-3。

表 2-3 錾子几何角度的选择

工件材料	楔角 β_o	后角 α_o	前角 γ_o
工具钢、铸铁等硬材料	60°~70°	5°~8°	$\gamma_o=90°-(\beta_o+\alpha_o)$
结构钢等中等硬度材料	50°~60°		
铜、铝、锡等软材料	30°~50°		

3. 錾削的操作要点

①正确使用台虎钳，夹紧时不应在台虎钳的手柄上加套管子或用手锤敲击台虎钳手柄，工件要夹紧在钳口中间。

②錾削时要保持正确的操作姿势和挥锤速度，做到“稳、准、狠”。

③起錾时应从工件的边缘尖角处采用斜角起錾，如图 2-9 所示，将錾子头部向下倾斜，先向上錾出一小斜面，然后开始正常錾削，如图 2-10 所示。

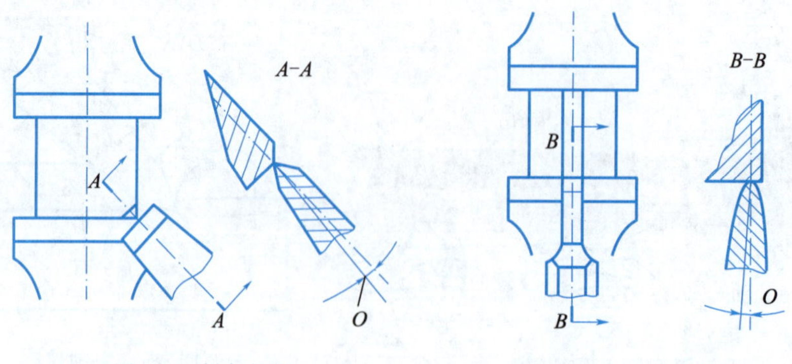

图 2-9 斜角起錾　　图 2-10 正面起錾

錾削沟槽需要正面起錾时,錾子刃口要贴住工件端面,錾子头部仍向下倾斜,待錾出一小斜面后,再按正常角度錾削。

④当錾削距尽头约10~15 mm时,必须调头錾去余下的部分,以防工件边缘崩裂,如图2-11所示。

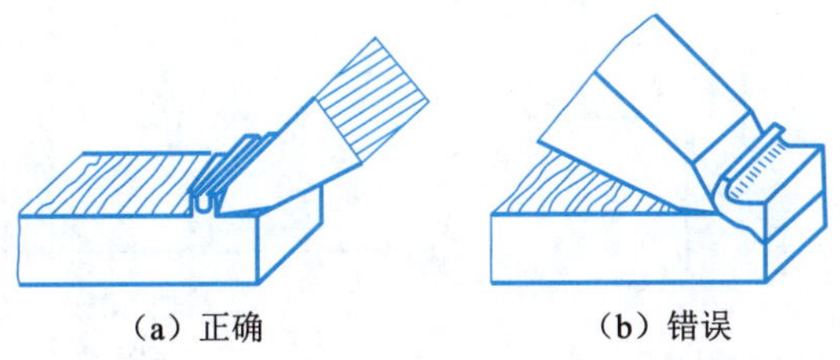

(a) 正确　(b) 错误

图2-11　终錾方法

二、金属切削基础知识

常见的金属切削方法如图2-12所示。

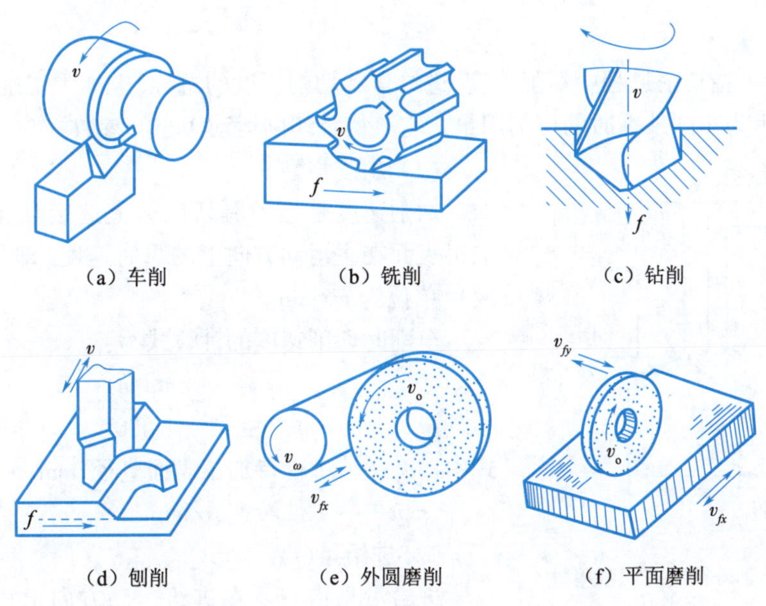

(a) 车削　(b) 铣削　(c) 钻削

(d) 刨削　(e) 外圆磨削　(f) 平面磨削

图2-12　常见的金属切削方法

1. 切削运动

(1)主运动

由机床或人力提供的主要运动,它促使刀具和工件之间产生相对运动,从而使刀具前面接近工件。主运动的速度最高,所消耗的功率最大。

(2)进给运动

由机床或人力提供的运动,它使刀具与工件之间产生附加的相对运动,加上主运动,即可不断地或连续地切除切屑,并得到具有所需几何特性的已加工表面。

(3)切削时的工件表面

切削时的工件表面如图 2-13 所示。

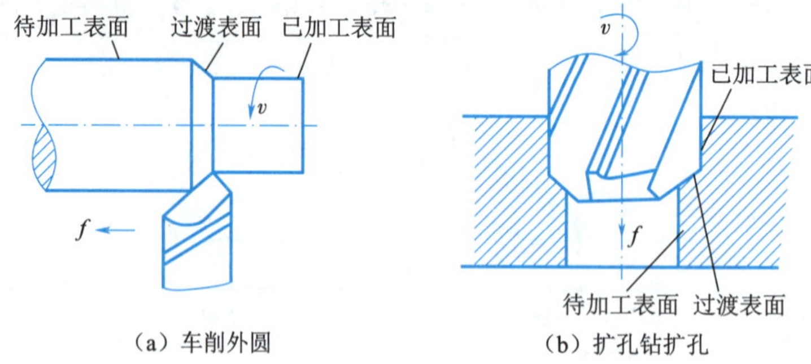

图 2-13　切削时的工件表面

①待加工表面:工件上有待切除的表面。

②已加工表面:工件上经刀具切削后形成的表面。

③过渡表面:工件上由切削刃形成的那部分表面,它在下一切削行程,被刀具或工件的下一转切除,或者由下一切削刃切除。

2. 切削用量

切削用量是指切削过程中切削速度、进给量和切削深度的总称,也称为切削用量三要素,如图 2-14 所示为车削外圆时的切削用量。它是衡量切削运动大小的参数。

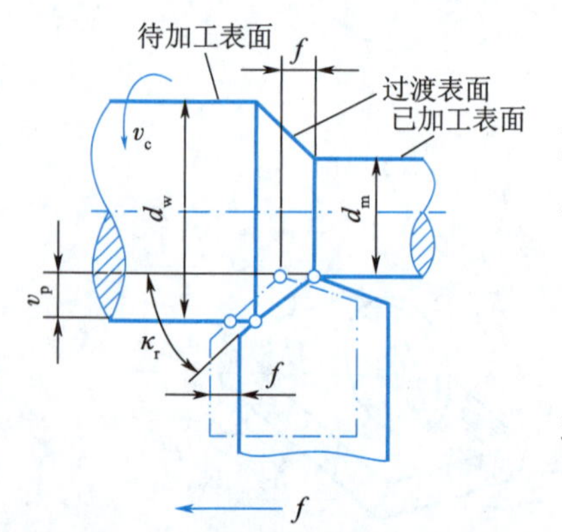

图 2-14　车削外圆时的切削用量

(1)切削速度(v_c)

切削速度是指刀具切削刃上选定点相对于工件待加工表面在主运动方向上的瞬时速度(即主运动的线速度),单位为 m/min。

车削时切削速度的计算式为:

$$v_c = \frac{\pi d_w n}{1\ 000}$$

式中　d_w——工件待加工表面直径,mm;

n——工件转速,r/min。

(2)进给量(f)

进给量是指刀具在进给运动方向上相对工件的位移量,可用刀具或工件每转或每行程的位移量来表述和度量。

如车削时的进给量为工件每转一转,车刀沿进给运动方向移动的距离,单位为 mm。

(3)切削深度(a_p)

切削深度一般指工件上已加工表面和待加工表面间的垂直距离,单位为 mm。车削外圆时切削深度的计算式为:

$$a_p = (d_w - d_m)/2$$

式中　d_w——工件待加工表面直径,mm;

d_m——工件已加工表面直径,mm。

3. 切削用量的选择

(1)切削深度的选择

粗加工时,除留出的精加工余量外,剩余加工余量尽可能一次切完。如果余量太大,可分几次切去,但第一次走刀应尽量将 a_p 取大些。精加工时,切削深度要根据加工精度和表面粗糙度的要求来选择。

(2)进给量的选择

在切削用量三要素中进给量的大小对表面粗糙度的影响最大,因此,粗加工时,f 可取大些;精加工时,f 可取小些。各种切削加工的进给量可根据进给量表选择确定。

(3)切削速度的选择

切削速度应根据工件尺寸精度、表面粗糙度、刀具寿命的不同来选择,具体可通过计算、查表或根据经验加以确定。

三、金属切削刀具

金属切削刀具的种类很多,其中外圆车刀最为典型,其他刀具的切削部分就其单个刀齿而言,都可看作是以外圆车刀的切削部分为基本形态演变而成,如图 2-15 所示为刀具切削的部分形态。

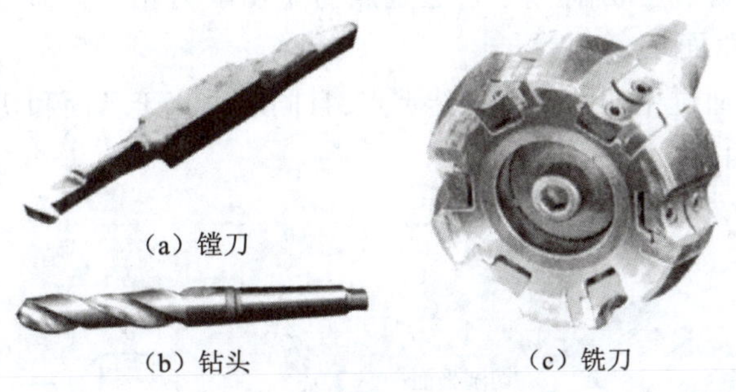

图 2-15 刀具切削部分形态

1. 刀具的构成

刀具一般由切削部分(刀头)和夹持部分(刀体)组成。车刀的切削部分由“三面、两刃、一尖”构成,详见表 2-4。

表 2-4 刀具的构成

车刀切削部分构成		说明
刀面	前面(前刀面)	刀具上切屑流过的表面
	主后面(主后刀面)	刀具上同前面相交形成主切削刃的后面(即与过渡表面相对的表面)
	副后面(副后刀面)	刀具上与前面相交形成副切削刃的后面(即与已加工表面相对的表面)
切削刃	主切削刃	前刀面与主后刀面的交线,它担负着主要的切削工作
	副切削刃	前刀面与副后刀面的交线,副切削刃配合主切削刃完成少量的切削工作
刀尖		指主切削刃与副切削刃的连接处相当少的一部分切削刃。即主切削刃与副切削刃的交点,为提高刀尖强度,刀尖处一般磨出直线 b_ε 或圆弧形 γ_s 的过渡刃

如图 2-16 所示为车刀的构成,图 2-17 为车刀刀尖的形状。

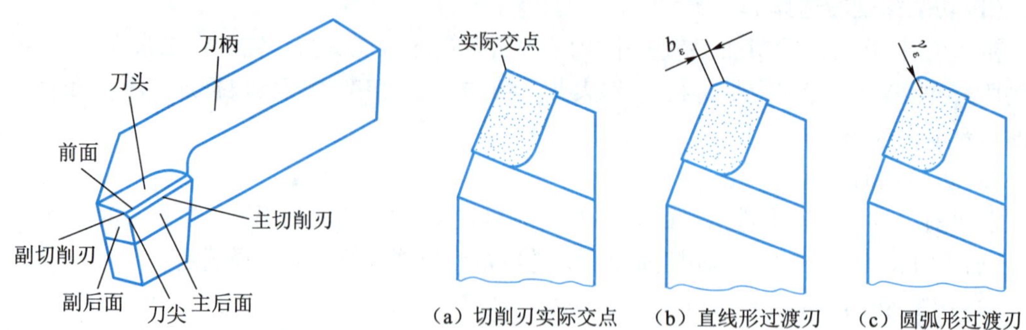

图 2-16　车刀的构成

图 2-17　车刀刀尖的形状

2. 刀具的切削角度

(1)确定刀具切削角度的辅助平面

如图 2-18 所示为切削角度的三个辅助平面。

①基面 P_r。通过主切削刃上某选定点与该点切削速度方向垂直的平面。车刀的基面平行于水平面。

②切削平面 P_s。通过主切削刃上某选定点与主切削刃相切并垂直于该点基面的平面。车刀的切削平面是铅垂面。

③正交平面 P_o。通过主切削刃上某选定点,且同时垂直于基面和切削平面的平面。

(2)车刀的主要角度

如图 2-19 所示为外圆车刀的主要角度。

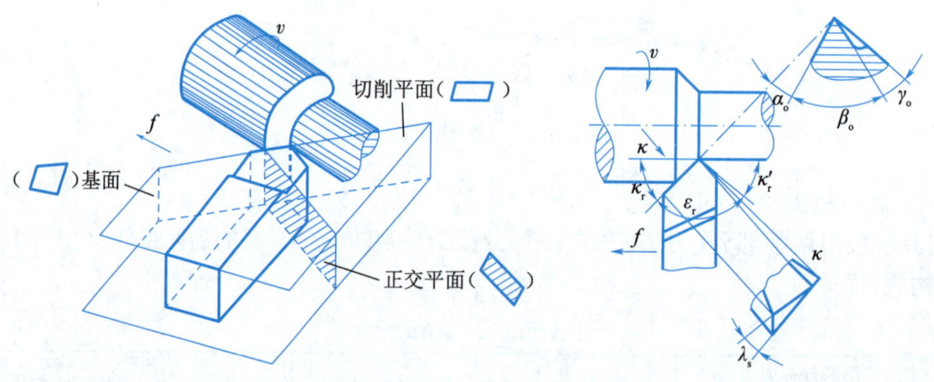

图 2-18　切削角度的三个辅助平面

图 2-19　外圆车刀的主要角度

各测量面内测量的主要角度及作用见表 2-5。

表 2-5　车刀的主要角度及作用

辅助平面	切削角度及作用	角度间的关系及大小选择
在正交平面内测量	前角 γ_o。前刀面与基面间的夹角。它主要影响切削刃的锋利及切屑变形程度	一般选取范围是 $-5° \sim +25°$,粗加工时前角宜小,精加工时前角宜大

续上表

辅助平面	切削角度及作用	角度间的关系及大小选择
在正交平面内测量	主后角 α_o。主后刀面与切削平面间的夹角。主后角可改变车刀主后刀面与工件间的摩擦状况	后角的选取只能是正值，一般选取范围是 3°～12°，粗加工时选较小值，精加工时选较大值
	楔角 β_o 前刀面与主后刀面间的夹角。它影响刀头的强度及散热情况	前角、主后角与楔角之间的关系为：$\gamma_o+\alpha_o+\beta_o=90°$
在基面内测量	主偏角 κ_r。主切削刃在基面上的投影与进给运动方向间的夹角。它能改变主切削刃与刀头的受力及散热情况	主偏角的大小通常根据工件的形状在 45°～90°之间选取
	副偏角 κ_r'。副切削刃在基面上的投影与进给运动反方向间的夹角。它可改变副切削刃与工件已加工面间的摩擦状况	一般副偏角取值 6°～8°之间
	刀尖角 ε_r。主切削刃与副切削刃在基面上的投影之间的夹角。它影响刀尖强度及散热情况	主偏角、副偏角与刀尖角之间的关系为：$\kappa_r+\kappa_r'+\varepsilon_r=180°$
在切削平面内测量	刃倾角 λ_s 主切削刃与基面间的夹角。它影响刀尖强度并控制切屑流出的方向	刃倾角有正值、负值和零度三种情况。刃倾角 λ_s 选值一般在-5°～+10°之间，粗加工时常取负值，精加工时常取正值

刃倾角对切屑流向的影响，如图 2-20 所示。

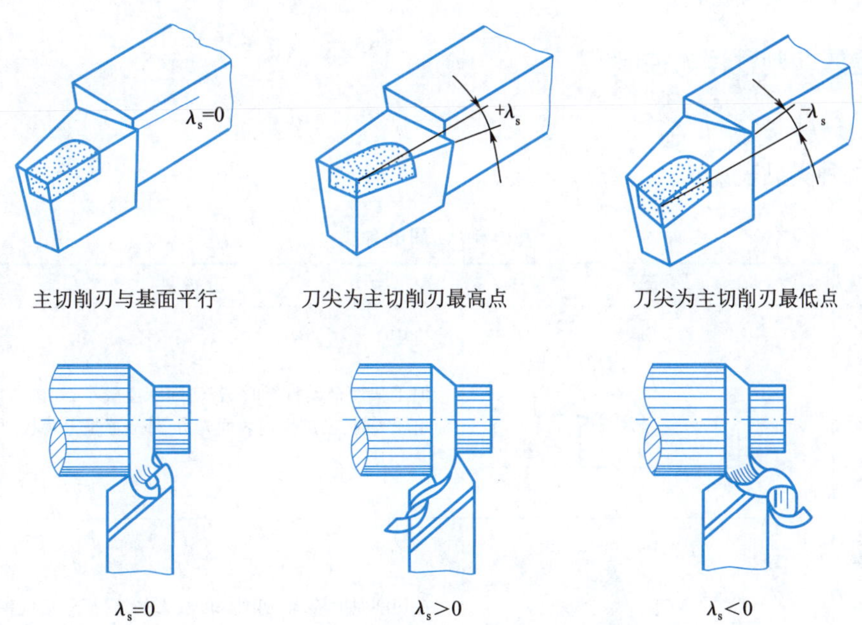

图 2-20　刃倾角对切屑流向的影响

3. 刀具材料

(1)刀具材料应具备的性能

①高硬度。刀具切削部分材料的硬度必须高于工件材料的硬度,常温下一般应在60 HRC以上。

②高耐磨性。刀具材料必须具有良好的抵抗磨损的能力,特别是在高温切削条件下,更需保持应有的耐磨性。通常刀具材料的硬度越高,耐磨性越好。

③足够的强度和韧性。保证刀具在正常切削过程中能够承受压力、冲击和振动,防止刀具的崩刃或脆性断裂。

④高耐热性。耐热性是指刀具材料在高温下能够保持高硬度的性能,又称为红硬性或热硬性。它是评定刀具材料的主要性能指标。

⑤良好的工艺性。为了便于刀具的加工制造,刀具材料应具备良好的可加工性和热处理性。

(2)钳工常用的刀具材料

①碳素工具钢。碳素工具钢淬火后硬度较高(60~64 HRC),刃磨性好,刃口锋利,但耐热性差,温度超过200 ℃时硬度就显著下降,淬透性差,热处理变形大。

②合金工具钢。合金工具钢与碳素工具钢相比有较高的韧性、耐磨性和耐热性,热处理变形小、淬透性较好。

③高速钢。高速钢的耐磨性、耐热性都比前两者明显提高,切削温度达到550~600 ℃仍保持其切削性能,强度、韧性和制造工艺性也较好,热处理变形小。

④硬质合金。硬质合金是以高硬度的碳化钨、碳化钛等为基体,与粘结金属钴在高温、高压下制成的粉末冶金材料。

四、金属切削过程与控制

1. 切屑的种类

切屑的种类见表2-6。

表2-6 切屑的种类

种类	图	说明
带状切屑		加工塑性金属材料时,若切削深度较小、切削速度高、刀具前角较大时,易产生内表面光滑、外表面呈毛茸状的带状切屑
节状切屑		在切削速度较低,切削深度较大的情况下,切削钢及黄铜等材料时,易产生内表面有裂纹、外表面呈齿状的节状切屑

续上表

种类	图	说明
粒状切屑		在切削速度很低，切削深度很大的情况下，切削钢等材料时，由于剪切变形完全达到材料的破坏极限，切下的切屑断裂成均匀的颗粒状
崩碎切屑		切削如铸铁等脆性金属材料时，切削层金属未经明显的塑性变形，就在弯曲应力作用下脆断，得到不规则的细粒状切屑

2. 切削力

切削加工时，刀具使工件材料变形成为切屑所需的力称为切削力。

(1)切削力的分解

切削力的分解如图 2-21 所示。

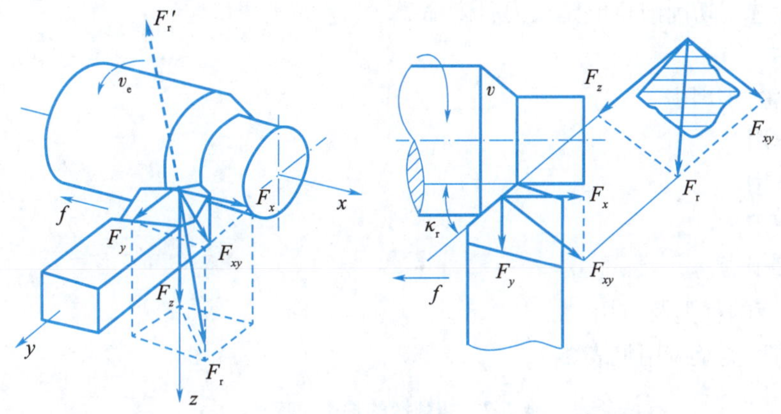

图 2-21　切削合力与分力

①主切削力(或切向力)F_z。作用于切削速度方向的分力。

②切深抗力(或径向力)F_y。作用于切削深度方向的分力。

③进给抗力(或轴向力)F_x。作用于进给方向的分力。它是计算机床进给机构强度的依据。

切削力 F_r 和分力之间的关系为：$F_r=\sqrt{F_{xy}^2+F_z^2}=\sqrt{F_x^2+F_y^2+F_z^2}$

(2)影响切削工件所需切削力的因素

①工件材料。工件材料的强度和硬度越高，切削力就越大。

②切削用量。切削用量中对切削力影响最大的是切削深度，其次是进给量，影响最小的是切削速度。

③刀具角度。刀具角度中对切削力影响最大的是前角、主偏角和刃倾角。

④切削液。为了提高切削效果而使用的液体称为切削液。

3. 切削热

可采取以下措施对刀具和工件的温度加以控制。

①在刀具强度允许的情况下,适当增大前角,以尽量减小切屑的变形和摩擦。

②在机床—工件—刀具系统刚性较好时,适当减小主偏角,以改善刀具的散热条件。

③降低切削速度。

④提高刀具前、后刀面的刃磨质量,减小摩擦。

⑤合理选用切削液。

4. 刀具寿命

影响刀具寿命的因素如下:

①工件材料的强度、硬度、塑性越大时,寿命越短。

②在切削用量中,对刀具寿命影响最大的是切削速度,其次是进给量,最小的是切削深度。

③适当增大前角 γ_o,减小主偏角 κ_r、副偏角 κ_r'和增大刀尖圆弧半径 γ_ε,均能延长刀具寿命。

④选用新型材料的刀具,是提高刀具寿命的有效途径。

⑤合理地选用切削液也能延长刀具寿命。

5. 切削液

(1)切削液的作用

①冷却作用。

②润滑作用。

③清洗作用。

④防锈作用。

(2)切削液的种类及应用

切削液的种类及应用见表 2-7。

表 2-7 切削液的种类及应用

类型			主要组成	性能	应用
水溶性切削液	水溶液	普通型	在水中添加亚硝酸钠等水溶性防锈添加剂,加入碳酸钠或磷酸三钠,使水溶性微带碱性	冷却性能、清洗性能好,有一定的防锈性能,润滑性能差	粗磨、粗加工
		防锈型	在水中除添加水溶性防锈添加剂外,再加表面活性剂、油性添加剂	冷却性能、清洗性能、防锈性能好,兼有一定的润滑性能,透明性较好	对防锈性要求高的精加工
		极压型	再加极压添加剂	有一定极压润滑性	重切削和强力磨削

续上表

类型			主要组成	性能	应用
水溶性切削液	乳化液	防锈型	常用1号乳化油加水稀释成乳化液	防锈性能好,冷却性能、润滑性能一般,清洗性能稍差	适用于防锈性要求较高的工序及一般的车、铣、钻等加工。但由于乳化液对环境污染较大,正逐步被淘汰
		普通型	常用2号乳化油加水稀释成乳化液	清洗性能、冷却性能好,兼有防锈性能和润滑性能	适用于磨削加工及一般切削加工
		极压型	常用3号乳化油加水稀释成乳化液	极压润滑性能好,其他性能一般	适用于要求良好的极压润滑性能的工序,如拉削、攻螺纹、铰孔以及难加工材料的加工
	合成切削液	多效型	由水、各种表面活性剂和化学添加剂组成	除具有良好的冷却、清洗、防锈、润滑性能外,还能防止对铜、铝等金属的腐蚀作用。合成液中不含油,可节省能源,有利环保	适用于多种金属(黑色金属、铜、铝)的切削及磨削加工,也适用于极压切削或精密加工
油溶性切削液	矿物油		主要有机械油、柴油、煤油等	润滑性能好,冷却性能差,化学稳定性好,透明性好	适用于流体润滑,可用于冷却、润滑系统合一的机床,如多轴自动车床、齿轮加工机床、螺纹加工机床
	动植物油		主要有豆油、菜油、棉子油、蓖麻油、猪油、鲸鱼油、蚕蛹油等	润滑性能比矿物油更好,但易腐败变质,冷却性能差,粘附在金属上不易清洗	适用于边界润滑,可用于攻螺纹、铰孔、拉削
	复合油		以矿物油为基础再加若干动植物油	润滑性能好,冷却性能差	适用于边界润滑,可用于攻螺纹、铰孔、拉削
	极压切削油		以矿物油为基础再加若干极压添加剂、油性添加剂及防锈添加剂等,最常用的有硫化切削油、含硫氯、硫磷或硫氯磷的极压切削液	极压润滑性能好,可代替动植物油或复合油	适用于要求良好的极压润滑性能的工序,如攻螺纹、铰孔、拉削、滚齿、插齿以及难加工材料的加工

(3)切削液的选用

①粗加工。粗加工时,切削用量较大,产生大量的切削热。这时主要是要求降低切削温度,应选用冷却为主的切削液,如3%~5%乳化液或离子型切削液。硬质合金刀具耐热性较好,一般不用切削液。

②精加工。精加工时,切削液的主要作用是减小工件表面粗糙度值和提高加工精度。

五、游标卡尺的使用

1. 游标卡尺的分类以及读数方法

游标卡尺按其测量精度一般可以分为 1/20 mm(0.05)和 1/50 mm(0.02)两种。

读数方法

①先读出副尺上零刻线左端主尺上毫米数(即整数);

②读出副尺上哪一条线与主尺刻线对齐,并将其格数乘以 0.02 即为小数部分;

③把主尺上整数与副尺上小数相加即为被测工件的实际测量尺寸。

2. 使用游标卡尺的注意事项

①游标卡尺适用于 IT10 ~ IT16 尺寸的测量和检验,应按工件的尺寸及精度要求合理选用。

②不能用游标卡尺测量铸、锻件毛坯尺寸,也不能用游标卡尺去测量精度要求过高的工件。

③使用前要检查游标卡尺测量爪和测量刃口是否平直无损;两量爪贴合时无漏光现象,主标尺和游标尺的零线是否对齐。

④测量外尺寸时,外量爪应张开到略大于被测尺寸,以固定量爪贴住工件,用轻微推力把活动量爪推向工件,卡尺测量面的连线应垂直于被测量表面,不能偏斜,如图 2-22 所示为游标卡尺使用的正确方法及错误图解。

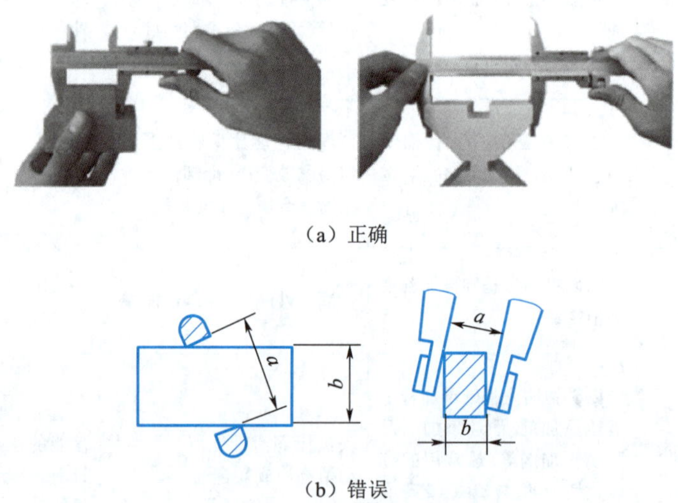

图 2-22　游标卡尺的使用

⑤测量内尺寸时,如图 2-23 所示,内量爪开度应略小于被测尺寸。测量时,两内量爪测量位置要正确,不得倾斜。

⑥测量孔深或高度尺寸时,如图 2-24 所示,应使深度尺的测量面紧贴孔底,游标卡尺的端面与被测件的表面接触,且深度尺要垂直,不可前后左右倾斜。

⑦读数时,游标卡尺应置于水平位置,视线垂直于刻线表面,避免视线歪斜造成示值读取误差。

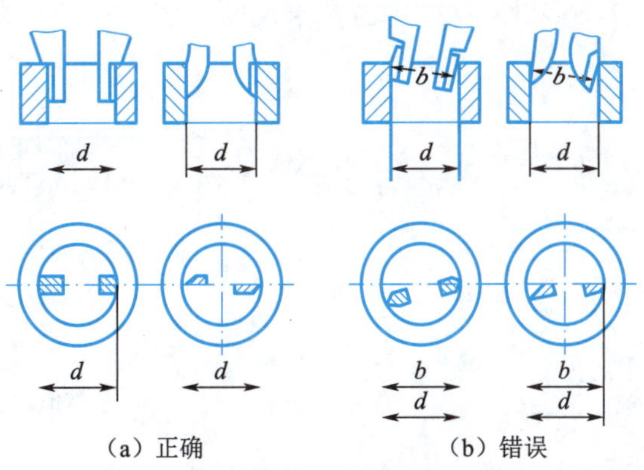

图 2-23　游标卡尺测内径

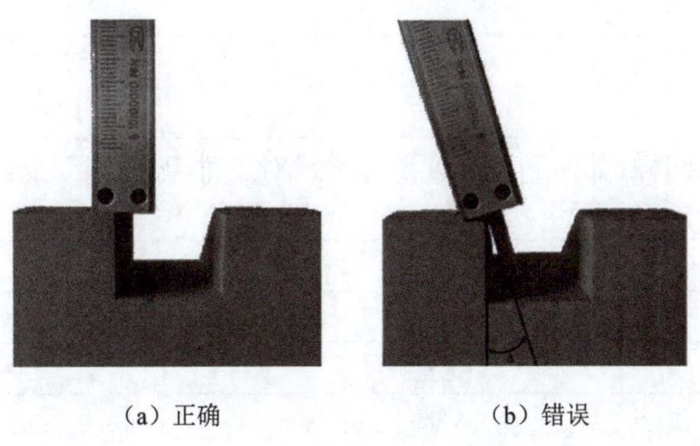

图 2-24　游标卡尺测深度

引导问题 1：游标卡尺有哪些主要用途？

____

____

____

引导问题 2：描述游标卡尺（见图 2-25）上各部位的代号名称。

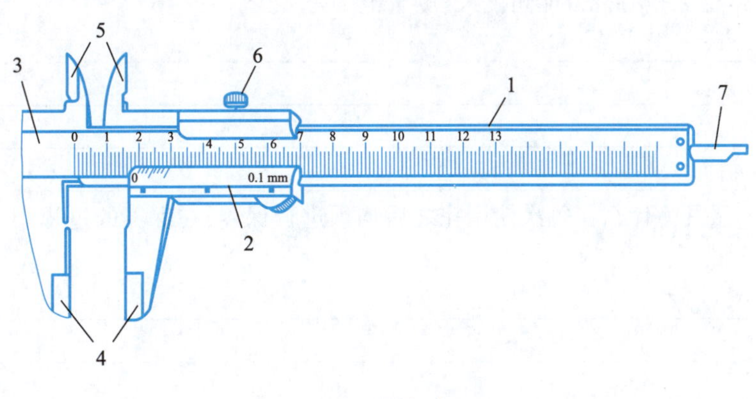

图 2-25　游标卡尺

1：__________；2：__________；3：__________；4：__________；

5：__________；6：__________；7：__________

引导问题 3：读出图 2-26 和图 2-27 中游标卡尺的数值。

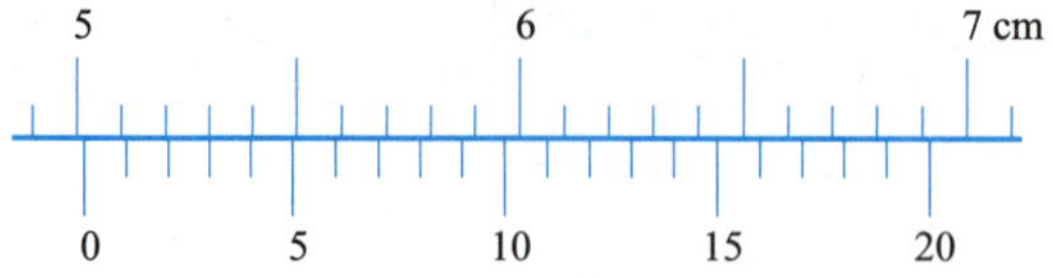

图 2-26　游标卡尺读数 1

数值：____________

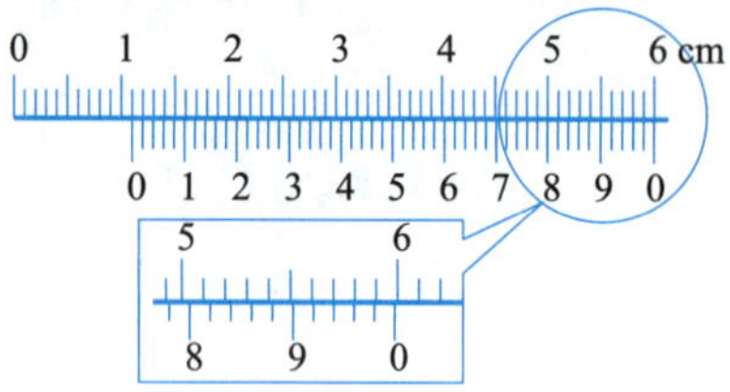

图 2-27　游标卡尺读数 2

数值：____________

引导问题 4：高度游标卡尺与游标卡尺的区别有哪些？

____

____

____

____

引导问题 5：依据图样，如何利用高度游标卡尺对工件毛坯进行划线？

____

____

____

____

小提示：在对工件毛坯划线之前，应首先检测外形尺寸，以降低加工产品的废品率。

引导问题 6：刀口角尺的主要用途是什么，如何使用刀口角尺对工件进行测量，在测量过程中应注意些什么问题？

____

____

____

____

引导问题 7：什么是游标万能角度尺，测量范围是多少？

____

____

____

____

引导问题 8：量具为什么在每次使用完之后均须进行保养，在保养的过程中应该注意哪些地方？

____

____

____

____

项目　平面錾削

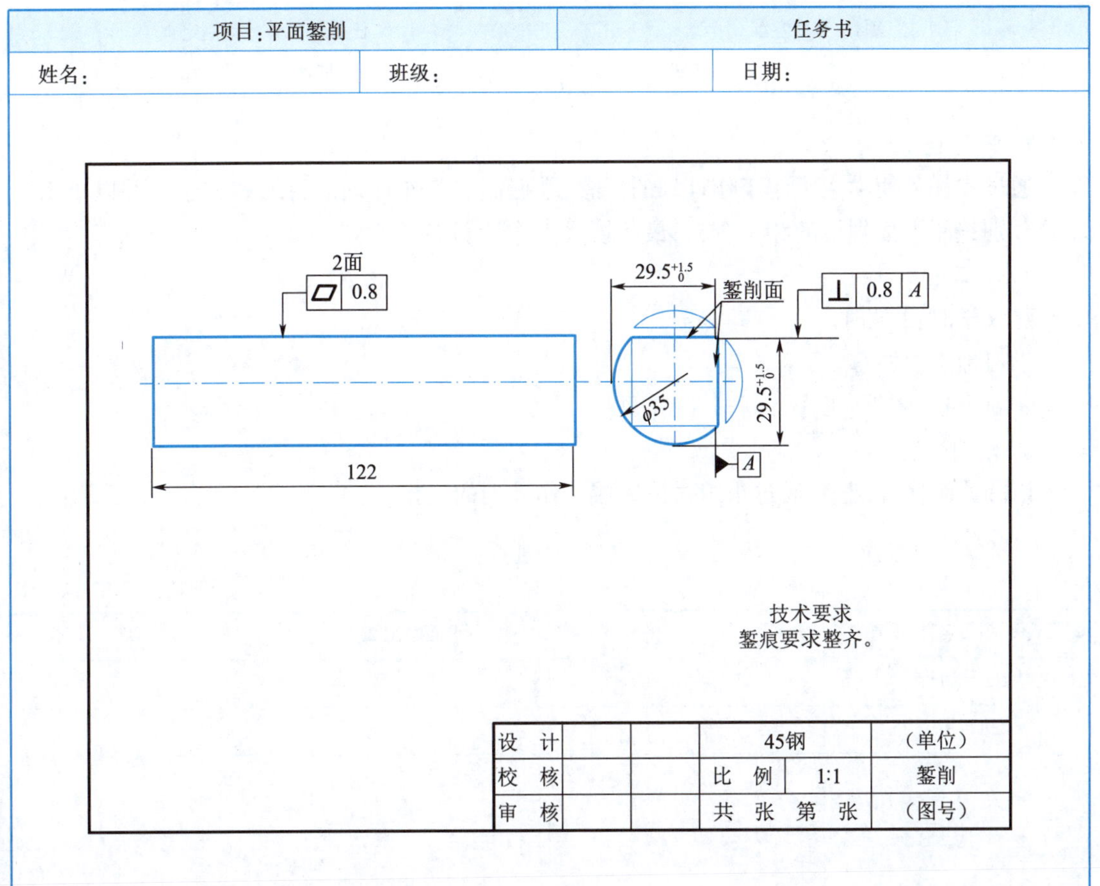

学习目标

1. 掌握錾子的种类及刃磨方法。
2. 掌握錾削的姿势和动作要领。
3. 掌握划线工具的种类和使用方法
4. 能正确识图,并表述零件形状、尺寸、材料等。
5. 能正确使用游标卡尺、角尺对零件进行检测,并准确记录测试结果。
6. 能按加工工艺步骤对零件进行划线。并用专业术语进行交流。
7. 根据现场管理规范要求,清理场地,归置物品并按环保要求处理废弃物。

项目描述

在 $\phi35\times122$ 的棒料上錾出零件图纸要求的图形。

教师以此作为教学任务,提供工作图样,通过学生分组讨论,制定最简便的工艺制作流程,并在规定时间内保质保量完成任务。

任务1　工作计划制定

项目:平面錾削		任务1:工作计划制定
姓名:	班级:	日期:

1. 学习目标

通过本任务使学生了解工作计划的概念,掌握制定工作计划的目的和方法。并以小组为单位分别查阅平面划线的相关资料,最后填写工作计划书。

2. 学习安排

建议学时:2 学时。

学习地点:教室。

学习准备:图纸、工作计划书、工作页。

3. 学习过程

请阅读工作计划书,通过小组讨论完成工作计划的安排。

工作计划书

日期:　　年　月　日

项目名称	平面錾削 2		
工作目标			
执行措施			
执行步骤			
材料牌号		所需工、量具	
接受任务时间	年　月　日	完成任务时间	年　月　日
预计完成数量		实际完成数量	
计划制定人		计划承办人	

小提示:执行措施主要是指为达到既定的目标而采取的手段、动员的力量、创造的条件以及需要排除的困难等方面。

引导问题1:如何确保夹紧工件?

引导问题 2:常用的长度测量器具有哪些?

引导问题 3:如何正确选择切削用量?

引导问题 4:影响刀具寿命的因素有哪些?

学习要点记录

任务 2　錾削操作过程

项目:平面錾削		任务 2:錾削操作过程
姓名:	班级:	日期:

1. 学习目标

按照工件图样独立完成錾削工作,在此过程中进一步强化錾削工具的使用方法。

2. 学习安排

建议学时:4 学时。

学习地点:实训室。

学习准备:图纸、工作计划书、工作页。

3. 学习过程

依据平面錾削的机械加工过程卡片,独立完成工作。

机械加工过程卡				零件名称	平面錾削	
				材料牌号	Q235	
				毛坯尺寸	ϕ35 mm×122 mm	
序号	工序名称	工序内容	工序简图	工艺装备	辅具	设备
1	钳	识图及准备	$29.5^{+1.5}_{0}$ 錾削面 ⊥ 0.8 A ϕ35 $29.5^{+1.5}_{0}$ A	台钳、扁錾、划针盘、V 形铁、榔头、样冲、游标卡尺、平板等	涂料	
2	钳	划第一平面(基准 A 面)线并完成錾削工作	ϕ35 $29.5^{+1.5}_{0}$ A	台钳、扁錾、划针盘、V 形铁、榔头、样冲、游标卡尺、平板等		
3	钳	划第一平面线并完成錾削工作	ϕ35	台钳、扁錾、榔头、样冲、游标卡尺、平板等		
4	钳	检查	$29.5^{+1.5}_{0}$ 錾削面 ⊥ 0.8 A ϕ35 $29.5^{+1.5}_{0}$ A	游标卡尺		
更改内容						
编制	校对		批准		审核	

任务3 检验与评估

项目:平面錾削		任务3:检验与评估
姓名:	班级:	日期:

序号	位置编号	目视检查	评价10~0分	
1				
2				
3				
4				
5				
6				
7				
8				
		目视检查中的中间成绩		
		检查人签名		

序号	位置编号	尺寸检查	误差	实际尺寸	评价10~0分	
1						
2						
3						
4						
5						
6						
7						
8						
				尺寸检查中的中间成绩		
				检查人签名		

任务 4　工作总结与作品展示

项目:平面錾削		任务 4:工作总结与作品展示
姓名:	班级:	日期:

1. 学习目标

通过作品展示这一环节,给学生提供一个自我展示的平台,以小组为单位派出代表介绍自己组的优秀作品。在此过程中培养学生们的语言沟通能力,并在和其他同学的交流中认识到自身所存在的差距,从而取长补短,最终达到提高学习积极性的目的。

2. 学习安排

建议学时:1 学时。

学习地点:教室。

3. 学习过程

引导问题 1:你通过平面錾削的制作学到了什么?

____

____

____

____

引导问题 2:你制作的平面錾削零件存在哪些质量缺陷?是由什么原因导致的?下次如果遇到类似问题该如何避免?

____

____

____

____

____

____

____

____

____

____

____

____

____

____

____

____

学习领域 3 锯削

理论知识

锯削

用手锯对材料或工件进行切断或切槽等的加工方法称为锯削,如图 3-1 所示。

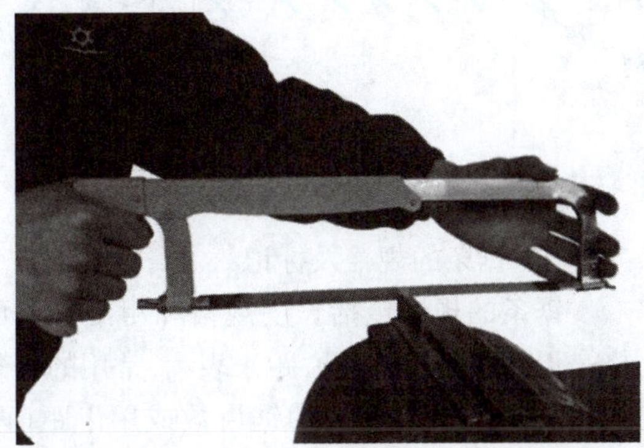

图 3-1 锯削

锯削的应用如图 3-2 所示。

(a)锯断各种原材料或半成品

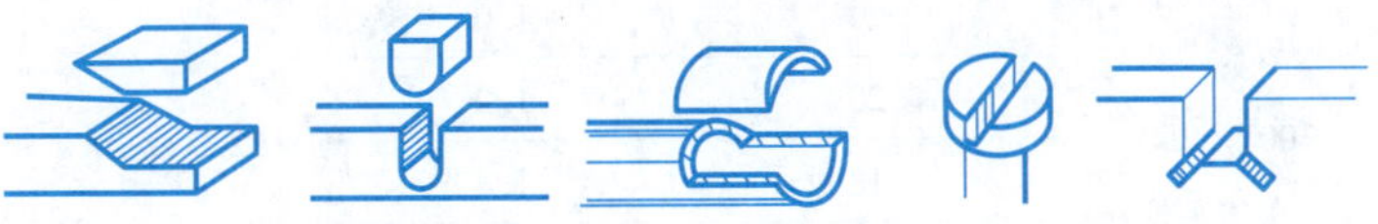

(b)锯掉工件上多余部分　(c)在工件上锯沟槽

图 3-2 锯削的应用

1. 手锯的组成

手锯由锯弓和锯条两部分组成。锯弓用于安装和张紧锯条,有固定式和可调式两种,如图 3-3 所示。

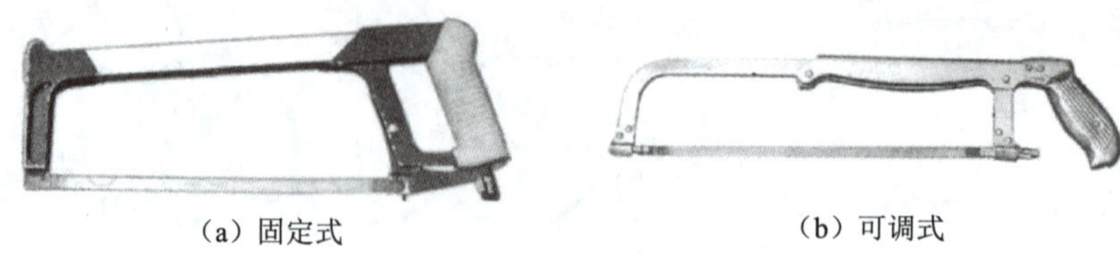
（a）固定式　　（b）可调式

图 3-3　锯弓的形式

2. 锯条

锯条结构如图 3-4 所示。

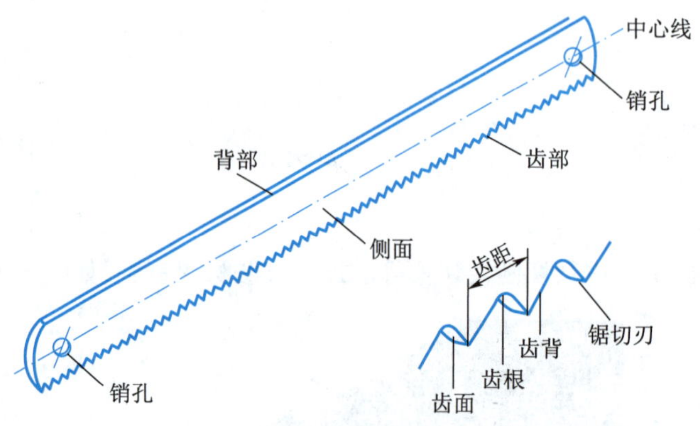

图 3-4　锯条结构

p
25 mm
齿数

图 3-5　锯条齿数

(1)锯条的规格及标记

锯条的规格包括长度规格和粗细规格两部分。锯条的长度规格是以两端销孔的中心距来表示，常用的锯条长度为 300 mm。粗细规格用 25 mm 长度内的锯齿数或用齿距(两相邻锯切刃之间的距离)表示，如图 3-5 所示。

锯条的规格及基本尺寸见表 3-1。

表 3-1　锯条的规格及基本尺寸

锯条型式	长度规格 l/mm	粗细规格		宽度 b/mm	厚度 a/mm
		每 25 mm 内的齿数	齿距 p/mm		
单面齿型 (A 型)	300 或 250	32	0.8	12.0 或 10.7	0.65
		24	1.0		
		20	1.2		
		18	1.4		
		16	1.5		
		14	1.8		
双面齿型 (B 型)	296 或 292	32	0.8	22 或 25	0.65
		24	1.0		
		18	1.4		

(2)锯齿的切削角度

锯齿的切削角度见表 3-2。

表 3-2　锯齿的切削角度

锯削形状	齿距 / mm	楔角 θ/(°)	前角 γ/(°)
	0.8、1.0、1.2	46~53	-2~+2
	1.4、1.5、1.8	50~58	

(3)锯条的分齿

在制造锯条时,锯齿按一定的规律左右错开,排列成一定形状,如图 3-6 所示,将锯齿从锯条两侧突出以提供锯切间隙的方法称为锯条的分齿。

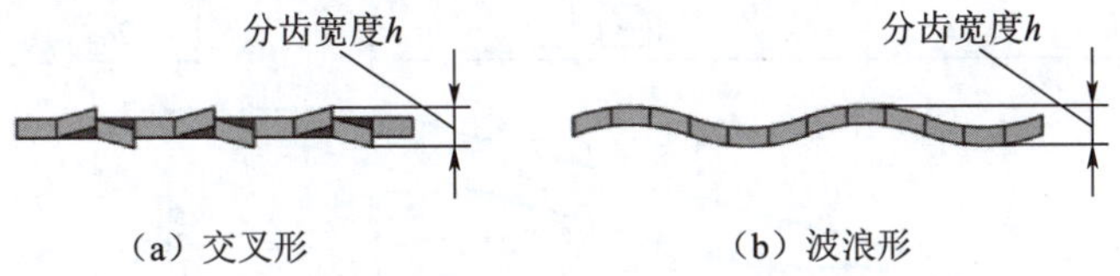

(a)交叉形　　(b)波浪形

图 3-6　锯条的分齿型式

3. 锯削的操作要点

①锯削姿势正确,压力和速度适当。一般锯削速度为 40 次/min 左右。

②工件夹持牢靠,同时应防止工件装夹变形或夹坏已加工表面。

③合理选择锯条的粗细规格。

④锯条的安装应正确,锯齿应朝前,锯条松紧要适当,如图 3-7 所示。

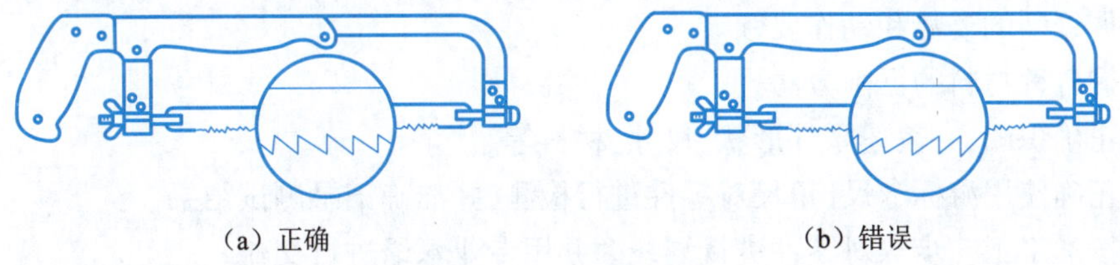

(a)正确　　(b)错误

图 3-7　锯条的安装

⑤选择正确的起锯方法,如图 3-8 所示。

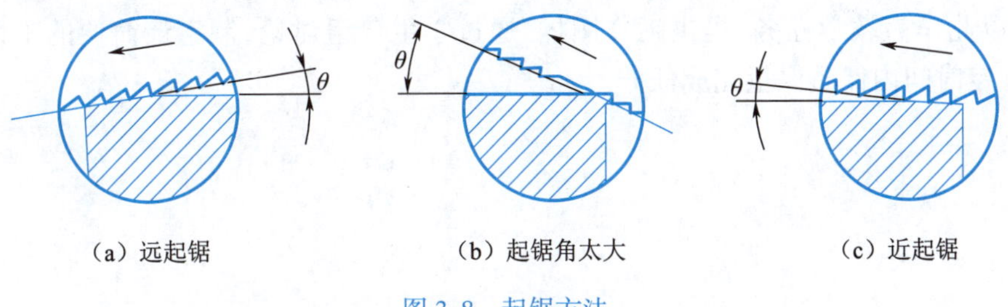

(a)远起锯　　(b)起锯角太大　　(c)近起锯

图 3-8　起锯方法

项目　锯削长方体

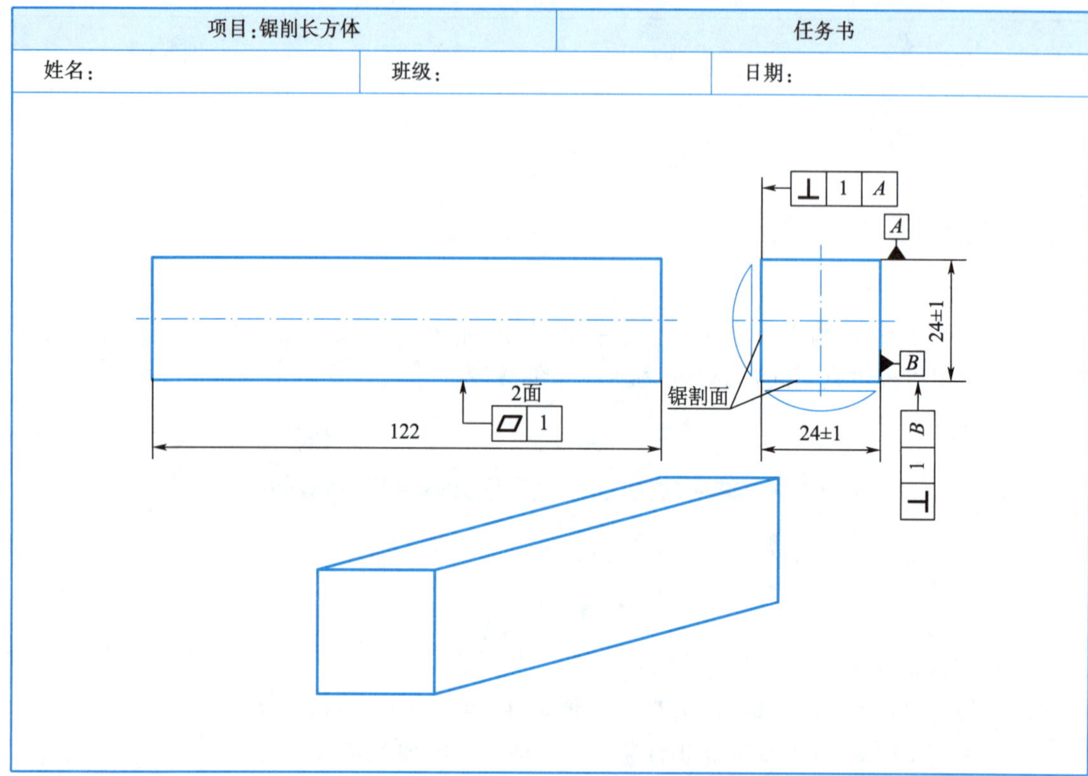

学习目标

1. 掌握锯削工具的使用方法。
2. 掌握锯削的姿势和动作要领。
3. 掌握各种材料的锯削方法。
4. 能正确识图,并表述零件形状、尺寸、材料等。
5. 能正确使用游标卡尺、角尺对零件进行检测,并准确记录测试结果。
6. 能按加工工艺步骤对零件进行划线。并用专业术语进行交流。
7. 根据现场管理规范要求,清理场地,归置物品并按环保要求处理废弃物。

项目描述

在 ϕ35 mm×122 mm 的棒料上锯削出零件图纸要求的图形。

教师以此作为教学任务,提供工作图样,通过学生分组讨论,制定最简便的工艺制作流程,并在规定时间内保质保量完成任务。

任务1　工作计划制定

项目:锯削长方体		任务1:工作计划制定
姓名:	班级:	日期:

1. 学习目标

通过本任务使学生了解工作计划的概念,掌握制定工作计划的目的和方法。并以小组为单位分别查阅平面划线的相关资料,最后填写工作计划书。

2. 学习安排

建议学时:2学时。

学习地点:教室。

学习准备:图纸、工作计划书、工作页。

3. 学习过程

请阅读工作计划书,通过小组讨论完成工作计划的安排。

工作计划书

日期:　　年　月　日

项目名称	锯削长方体		
工作目标			
执行措施			
执行步骤			
材料牌号		所需工、量具	
接受任务时间	年　月　日	完成任务时间	年　月　日
预计完成数量		实际完成数量	
计划制定人		计划承办人	

小提示:执行措施主要是指为达到既定的目标而采取的手段、动员的力量、创造的条件以及需要排除的困难等方面。

引导问题1:如何选择锯条?

引导问题 2:简述锯削操作要点?

引导问题 3:造成锯条折断的原因有哪些?

引导问题 4:造成锯缝歪斜的原因有哪些? 如何纠正锯缝?

学习要点记录

任务2 锯削操作过程

项目:锯削长方体		任务2:锯削操作过程
姓名:	班级:	日期:

1. 学习目标

按照工件图样独立完成锯削工作,在此过程中进一步强化锯削工具的使用方法。

2. 学习安排

建议学时:4学时。

学习地点:实训室。

3. 学习过程

依据锯削长方体的机械加工过程卡片,独立完成工作。

机械加工过程卡				零件名称	锯削长方体	
				材料牌号	Q235	
				毛坯尺寸	ϕ35 mm×122 mm	
序号	工序名称	工序内容	工序简图	工艺装备	辅具	设备
1	钳	识图及准备	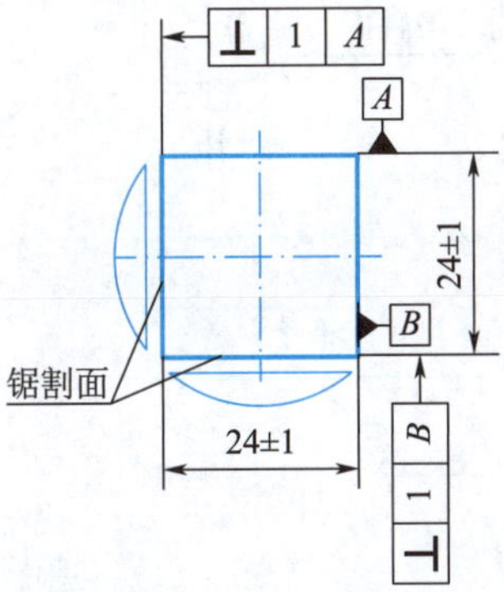 ⊥ 1 A; A; B; ⊥ 1 B; 24±1; 24±1; 锯割面	台钳、锯弓、高度游标卡尺、V形铁、榔头、样冲、游标卡尺、平板等	涂料	
2	钳	划第一平面线并完成锯削工作	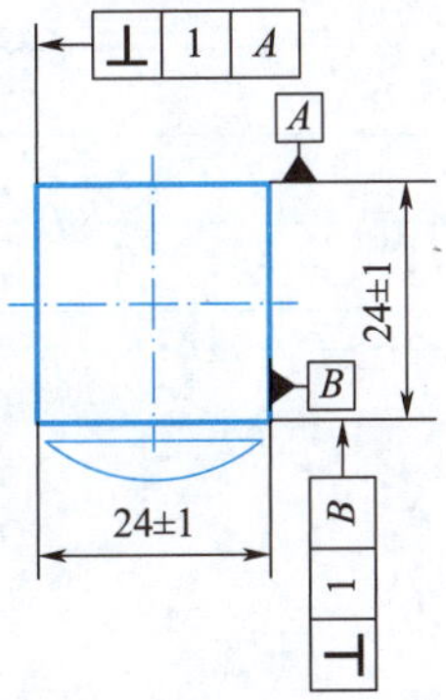 ⊥ 1 A; A; B; ⊥ 1 B; 24±1; 24±1	台钳、锯弓、高度游标卡尺、V形铁、榔头、样冲、游标卡尺、平板等		

续上表

<table>
<tr><td colspan="4" rowspan="3">机械加工过程卡</td><td>零件名称</td><td colspan="2">锯削长方体</td></tr>
<tr><td>材料牌号</td><td colspan="2">Q235</td></tr>
<tr><td>毛坯尺寸</td><td colspan="2">ϕ35 mm×122 mm</td></tr>
<tr><td>序号</td><td>工序名称</td><td>工序内容</td><td>工序简图</td><td>工艺装备</td><td>辅具</td><td>设备</td></tr>
<tr><td>3</td><td>钳</td><td>划第二平面线并完成锯削工作</td><td> 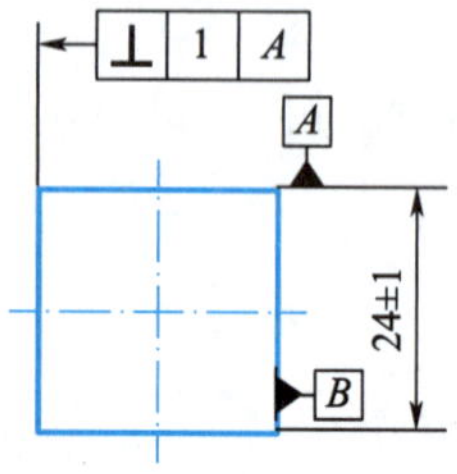⊥ 1 A；A；B；24±1</td><td>台钳、锯弓、高度游标卡尺、V形铁、榔头、样冲、游标卡尺、平板等</td><td></td><td></td></tr>
<tr><td>4</td><td>钳</td><td>检查</td><td> 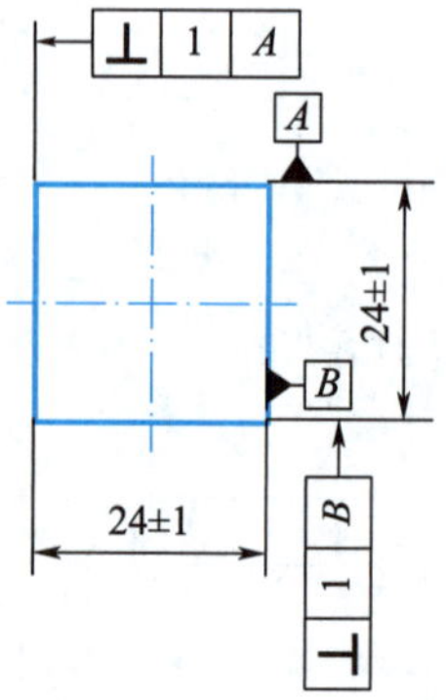⊥ 1 A；A；B；24±1；24±1；⊥ 1 B</td><td>游标卡尺、角尺等</td><td></td><td></td></tr>
<tr><td>更改内容</td><td colspan="6"></td></tr>
<tr><td>编制</td><td>校对</td><td></td><td>批准</td><td></td><td>审核</td><td></td></tr>
</table>

学习要点记录

任务3 检验与评估

项目:锯削长方体		任务3:检验与评估
姓名:	班级:	日期:

序号	位置编号	目视检查	评价 10~0 分		
1					
2					
3					
4					
5					
6					
7					
8					
		目视检查中的中间成绩			
		检查人签名			

序号	位置编号	尺寸检查	误差	实际尺寸	评价 10~0 分		
1							
2							
3							
4							
5							
6							
7							
8							
		尺寸检查中的中间成绩					
		检查人签名					

任务4　工作总结与作品展示

<table>
<tr><td colspan="2">项目:锯削长方体</td><td colspan="2">任务4:工作总结与作品展示</td></tr>
<tr><td>姓名:</td><td colspan="2">班级:</td><td>日期:</td></tr>
</table>

1. 学习目标

通过作品展示这一环节,给学生提供一个自我展示的平台,以小组为单位派出代表介绍自己组的优秀作品。在此过程中培养学生们的语言沟通能力,并在和其他同学的交流中认识到自身所存在的差距,从而取长补短,最终达到提高学习积极性的目的。

2. 学习安排

建议学时:1学时。

学习地点:教室。

3. 学习过程

引导问题1:你通过锯削长方体的制作学到了什么?

____

____

____

____

引导问题2:你制作的锯削长方体零件存在哪些质量缺陷?是由什么原因导致的?下次如果遇到类似问题该如何避免?

____

____

____

____

____

____

____

____

____

学习要点记录

____

____

____

____

____

学习领域 4
锉　削

理论知识

一、锉削

用锉刀对工件表面进行切削加工，使其尺寸、形状和表面粗糙度符合要求的操作方法称为锉削，如图 4-1 所示。

图 4-1　锉削

1. 锉刀结构

锉刀用优质碳素工具钢 T12、T13 或 T12A、T13A 制成，经热处理后硬度达 62～72 HRC。锉刀由锉身和锉柄两部分组成，如图 4-2 所示。

锉刀面上有无数个锉齿，根据锉齿的排列方式，可分为单齿纹和双齿纹两种，如图 4-3 所示。

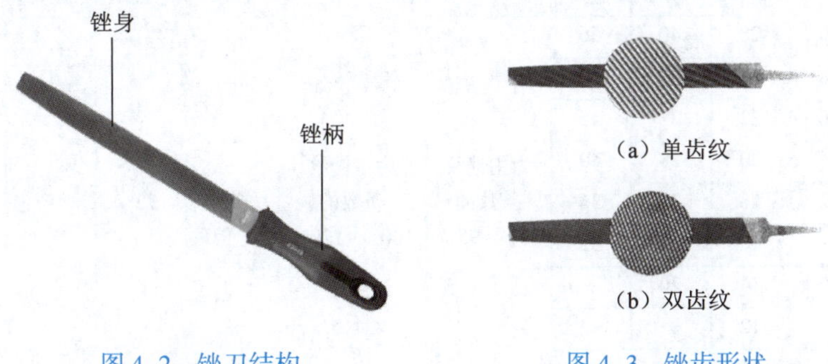

图 4-2　锉刀结构　　图 4-3　锉齿形状

2. 锉刀的种类

(1)钳工锉

钳工锉如图4-4所示。

(2)异形锉

异形锉用来锉削工件上的特殊表面,如图4-5所示。

(3)整形锉

整形锉(见图4-6)主要用于修整工件上的细小部分。

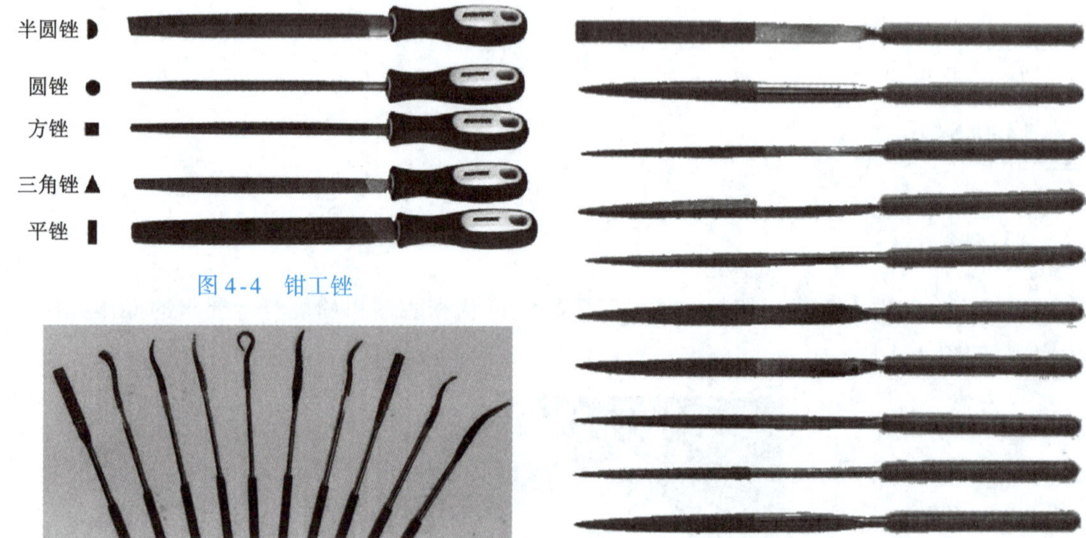

图4-4 钳工锉

图4-5 异形锉

图4-6 整形锉

3. 锉刀的规格

(1)尺寸规格

锉刀的尺寸规格,圆锉以其断面直径、方锉以其边长为尺寸规格,其他锉刀以锉身长度表示。常用的锉刀有100 mm、150 mm、200 mm、250 mm、300 mm、350 mm等几种,详见表4-1,异形锉和整形锉的尺寸规格是指锉刀全长。

表4-1 常用锉刀的尺寸规格

<table>
<tr><th rowspan="3">长度规格/mm</th><th colspan="5">每10 mm主锉纹条数</th><th rowspan="3">辅锉纹条数</th><th rowspan="3">边锉纹条数</th><th colspan="2">主锉纹斜角 λ</th><th colspan="2">辅锉纹斜角 ω</th><th rowspan="3">边锉纹斜角 θ</th></tr>
<tr><th colspan="5">锉纹号</th><th rowspan="2">1~3号锉纹</th><th rowspan="2">4~5号锉纹</th><th rowspan="2">1~3号锉纹</th><th rowspan="2">4~5号锉纹</th></tr>
<tr><th>1</th><th>2</th><th>3</th><th>4</th><th>5</th></tr>
<tr><td>100</td><td>14</td><td>20</td><td>28</td><td>40</td><td>56</td><td rowspan="9">为主锉纹条数的75%~95%</td><td rowspan="9">为主锉纹条数的100%~120%</td><td rowspan="9">65°</td><td rowspan="9">72°</td><td rowspan="9">45°</td><td rowspan="9">52°</td><td rowspan="9">90°</td></tr>
<tr><td>125</td><td>12</td><td>18</td><td>25</td><td>36</td><td>50</td></tr>
<tr><td>150</td><td>11</td><td>16</td><td>22</td><td>32</td><td>45</td></tr>
<tr><td>200</td><td>10</td><td>14</td><td>20</td><td>28</td><td>40</td></tr>
<tr><td>250</td><td>9</td><td>12</td><td>18</td><td>25</td><td>36</td></tr>
<tr><td>300</td><td>8</td><td>11</td><td>16</td><td>22</td><td>32</td></tr>
<tr><td>350</td><td>7</td><td>10</td><td>14</td><td>20</td><td>—</td></tr>
<tr><td>400</td><td>6</td><td>9</td><td>12</td><td>—</td><td>—</td></tr>
<tr><td>450</td><td>5.5</td><td>8</td><td>11</td><td>—</td><td>—</td></tr>
</table>

(2)粗细规格

锉刀粗细规格的选用见表4-2。

表4-2 锉刀粗细规格的选用

粗细规格	适用场合		
	锉削余量/mm	尺寸精度/mm	表面粗糙度 *Ra*/mm
1号(粗齿锉刀)	0.5~1	0.2~0.5	100~25
2号(中齿锉刀)	0.2~0.5	0.05~0.2	25~6.3
3号(细齿锉刀)	0.1~0.3	0.02~0.05	12.5~3.2
4号(双细齿锉刀)	0.1~0.2	0.01~0.02	6.3~1.6
5号(油光锉)	0.1以下	0.01	1.6~0.8

4. 锉刀的选择

不同加工表面使用的锉刀如图4-7所示。

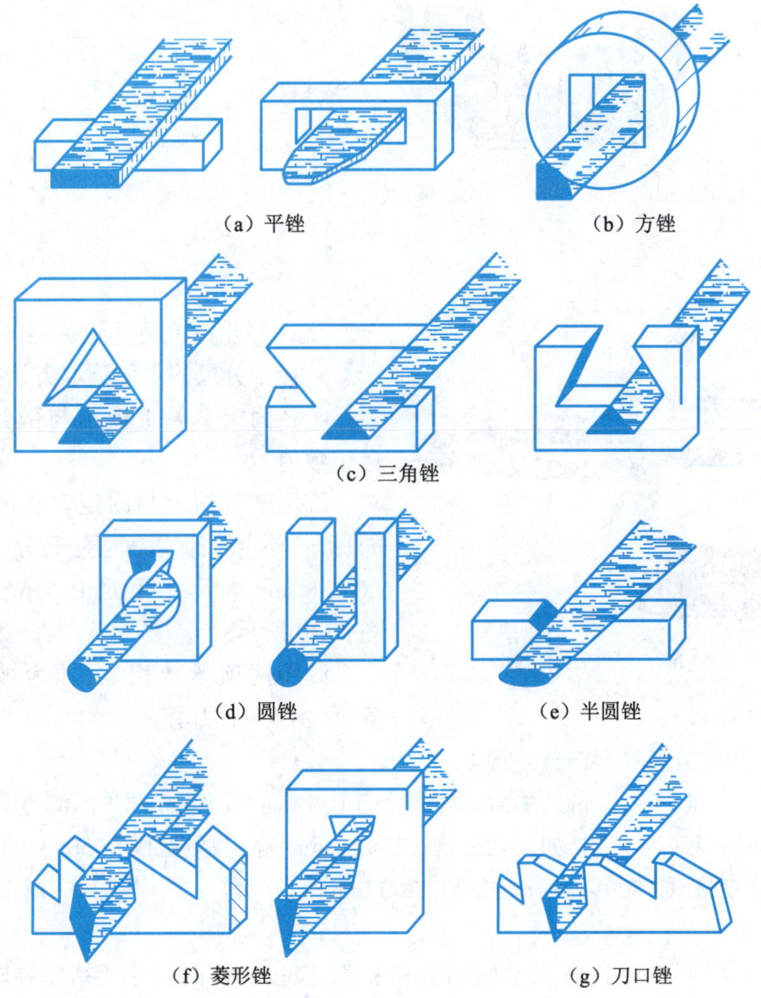

图4-7 锉刀选择

5. 锉削的操作要点

①锉削时要保持正确的操作姿势和锉削速度。锉削速度一般为 40 次/min 左右。

②锉削时两手用力要平衡,回程时不要施加压力,以减少锉齿的磨损。

二、外径千分尺

1. 外径千分尺的结构

外径千分尺由尺架、固定测砧、测微螺杆、固定套管、微分筒、测力装置和锁紧装置等组成,其结构如图 4-8 和图 4-9 所示。

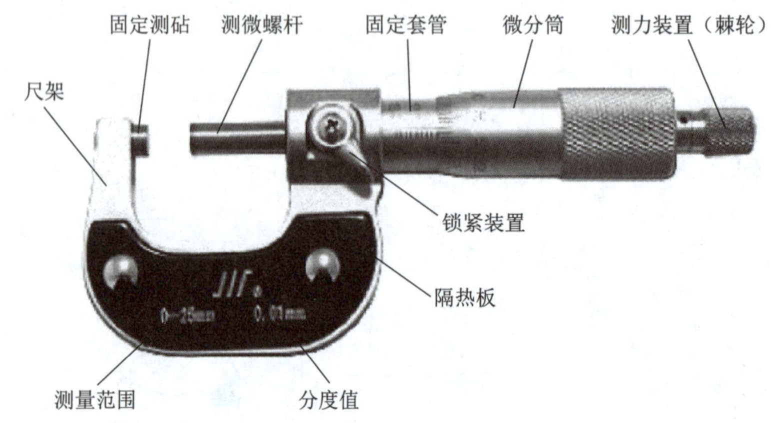

图 4-8　0~25 mm 外径千分尺

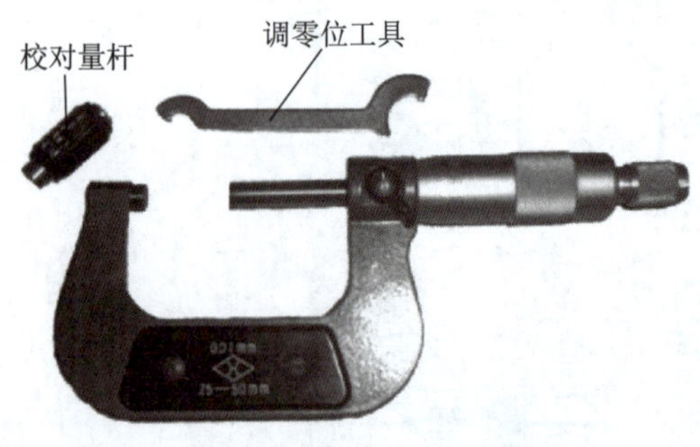

图 4-9　25~50 mm 外径千分尺

2. 外径千分尺的标记原理与示值读取方法

外径千分尺的示值读取方法如下:

①在固定套管上读出与微分筒相邻近的标记数值;

②用微分筒上与固定套管的基准线对齐的标记格数,乘以外径千分尺的分度值(0.01 mm),读出不足 0.5 mm 的数值,如图 4-10 所示;

③将两项读数相加,即为被测尺寸的数值,如图 4-11 所示。

3. 外径千分尺的规格和测量范围

外径千分尺的量程为 25 mm,测微螺杆螺距有 0.5 mm 和 1 mm 两种。测量范围在 500 mm 以内时,每 25 mm 为一种规格,如 0~25 mm,25~50 mm 等;测量范围在 500~1 000 mm 时,每 100 mm 为一种规格,如 500~600 mm,600~700 mm 等。

4. 使用千分尺的注意事项

①千分尺适用于 IT6~IT16 尺寸的测量和检验,应按工件的尺寸及精度要求正确合理地选用千分尺。

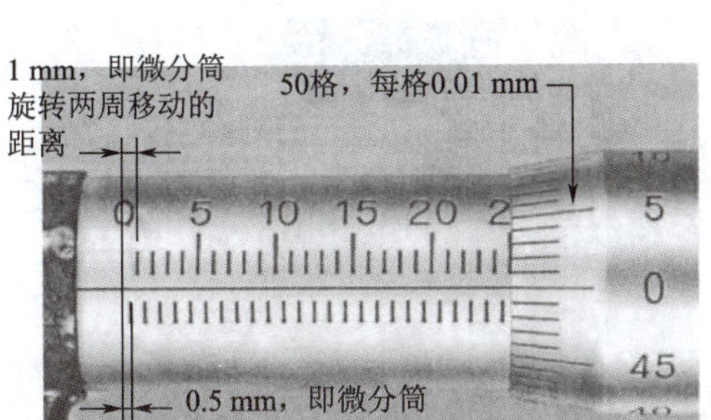

图 4-10　千分尺的标记原理

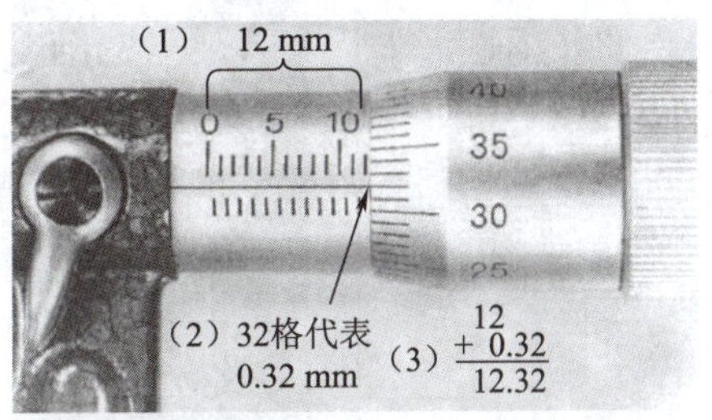

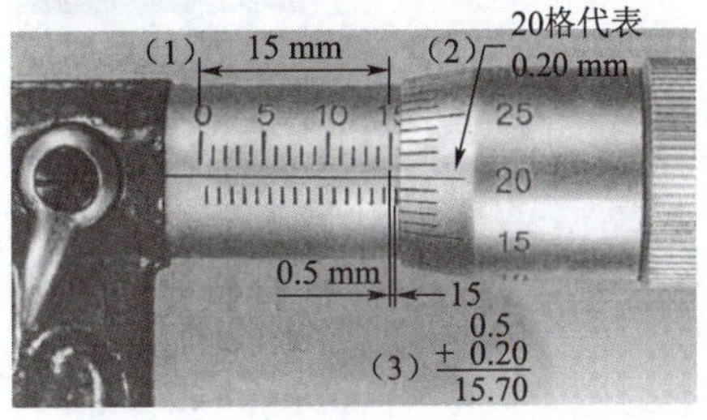

图 4-11　千分尺的示值读取方法

②千分尺的测量面应保持干净,使用前应校对零位,如图 4-12 所示。

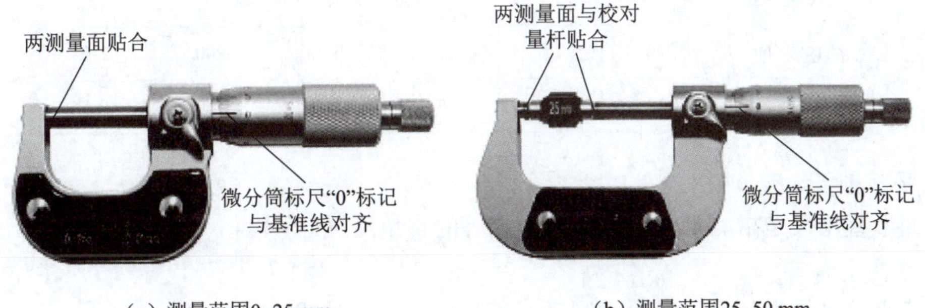

（a）测量范围0~25 mm　（b）测量范围25~50 mm

图 4-12　外径千分尺校零

③测量时,先转动微分筒,当测量面接近工件时,改用棘轮,直到棘轮发出“吱、吱”声为止。

④测量时,千分尺要放正,并注意温度的影响。

⑤不能用千分尺测量毛坯或转动的工件。

⑥为防止尺寸变动,可转动锁紧装置,锁紧测微螺杆。

三、直角尺

1. 刀口形直角尺

刀口形直角尺是指两测量面为刀口形的直角尺,有平面刀口形直角尺,如图 4-13 所示;还有宽座刀口形直角尺,如图 4-14 所示。

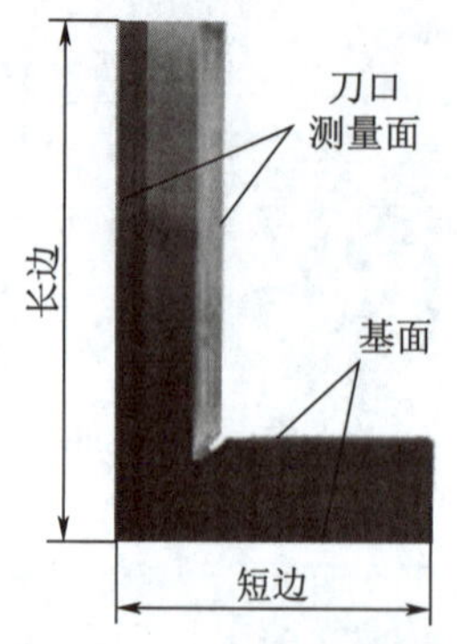

图 4-13　平面刀口形直角尺

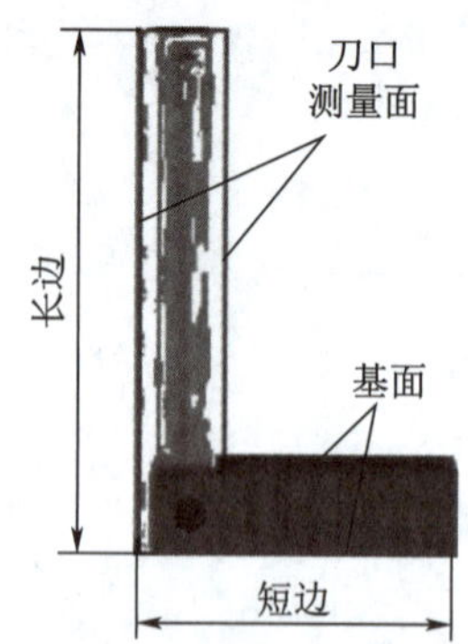

图 4-14　宽座刀口形直角尺

常用刀口形直角尺基本参数见表 4-3。

表 4-3　常用刀口形直角尺基本参数

平面刀口形直角尺	精度等级	0 级、1 级						
	长边/mm	50	63	80	100	125	160	200
	短边/mm	32	40	50	63	80	100	125
宽座刀口形直角尺	精度等级	0 级、1 级						
	长边/mm	50	75	100	150	200	250	300
	短边/mm	40	50	70	100	130	165	200

2. 平面形直角尺

平面形直角尺是指测量面与基面宽度相等的直角尺,如图 4-15 所示。

3. 宽座直角尺

宽座直角尺是指基面宽度大于测量面宽度的直角尺,如图 4-16 所示。

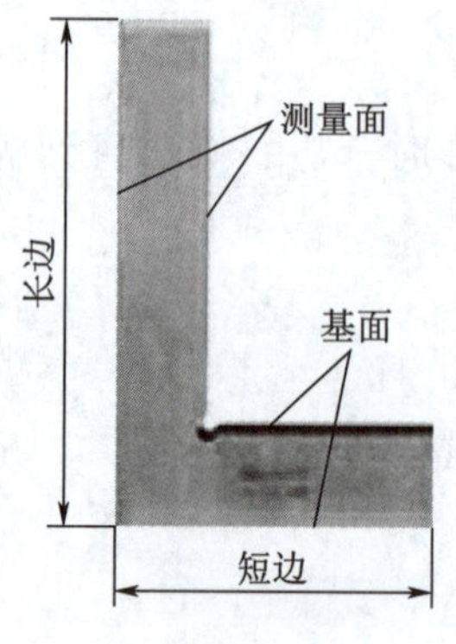

图 4-15　平面形直角尺

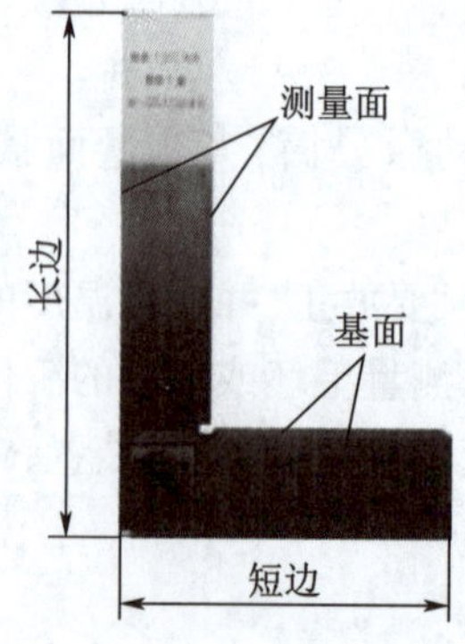

图 4-16　宽度直角尺

常用平面形和宽座直角尺基本参数见表 4-4。

表 4-4 常用平面形和宽座直角尺基本参数

平面形直角尺	精度等级	0 级、1 级、2 级						
	长边(mm)	50	75	100	150	200	250	300
	短边(mm)	40	50	70	100	130	165	200
宽座直角尺	精度等级	0 级、1 级						
	长边(mm)	63	80	100	125	160	200	250
	短边(mm)	40	50	63	80	100	125	160

四、游标万能角度尺

游标万能角度尺是利用活动直尺测量面相对于基尺测量面的旋转，对该两测量面间分隔的角度根据游标原理进行读数的角度测量器具。游标万能角度尺用来测量工件和样板的内、外角度和进行角度划线。它有Ⅰ型、Ⅱ型两种类型，其测量范围分别为0°~320°和0°~360°，其中0°~320°游标万能角度尺应用较为普遍。

1. 游标万能角度尺的结构 (0°~320°)

游标万能角度尺的结构如图 4-17 所示。

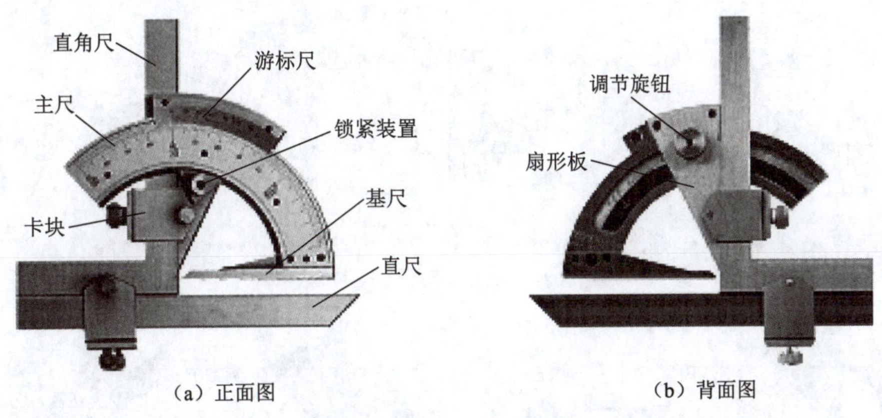

(a) 正面图 (b) 背面图

图 4-17 游标万能角度尺

2. 游标万能角度尺的标记原理 (0°~320°)

游标万能角度尺的分度值有5′和2′两种。

分度值为2′的万能角度尺如图 4-18 所示，其标记原理是：主标尺每格标记的弧长对应的角度为1°，游标尺标记是将主标尺上29°所占的弧长等分为30格，每格所对的角度为29°/30，因此游标尺1格与主标尺1格相差：

$$1^\circ-\frac{29^\circ}{30}=\frac{1^\circ}{30}=2'$$

3. 游标万能角度尺的示值读取方法 (0°~320°)

游标万能角度尺的示值读取方法，如图 4-19 所示。

图 4-18　分度值为 2 的游标万能角度尺的标记原理

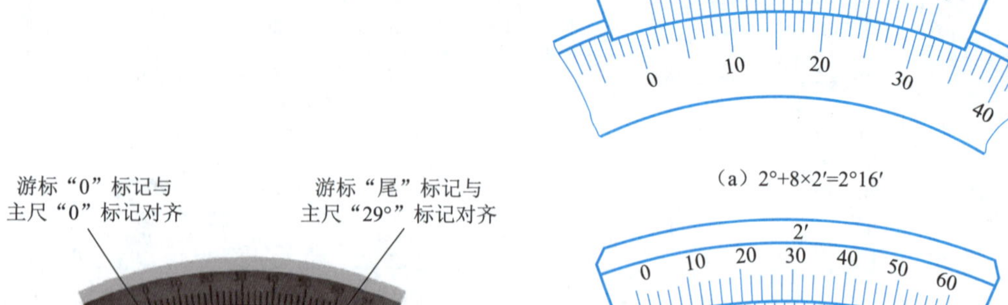

（a）2°+8×2′=2°16′

（b）16°+6×2′=16°12′

图 4-19　游标万能角度尺的示值读取方法

4. 游标万能角度尺的测量范围及测量方法（0°~320°）

游标万能角度尺的测量范围及测量方法如图 4-20~图 4-25 所示。

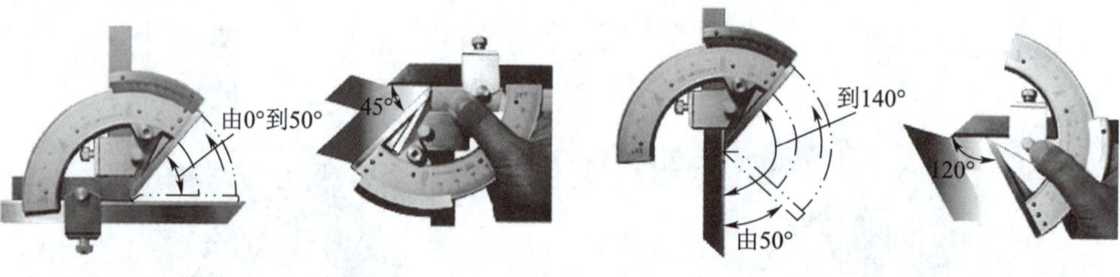

图 4-20　测量范围 0°~50°

图 4-21　测量范围 50°~140°

图 4-22　测量范围 50°~140°

图 4-23　测量范围 140°~230°

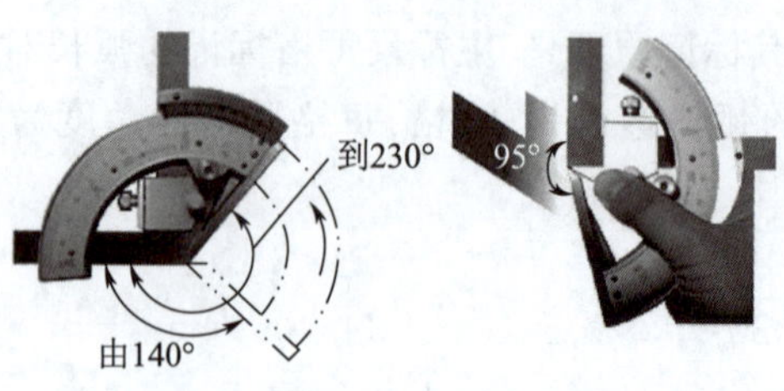

图 4-24　测量范围 140°~230°

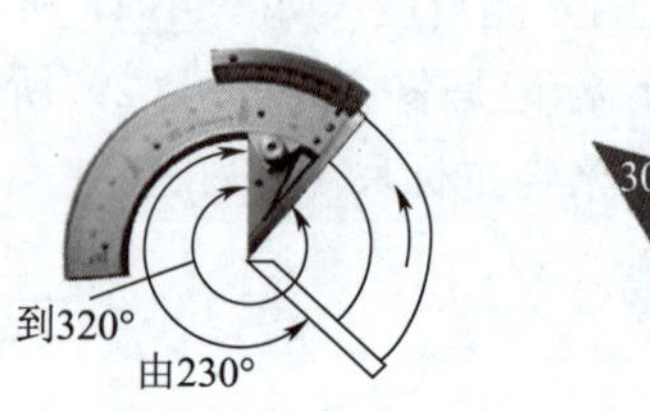

图 4-25　测量范围 230°~320°

项目1 锉削长方体

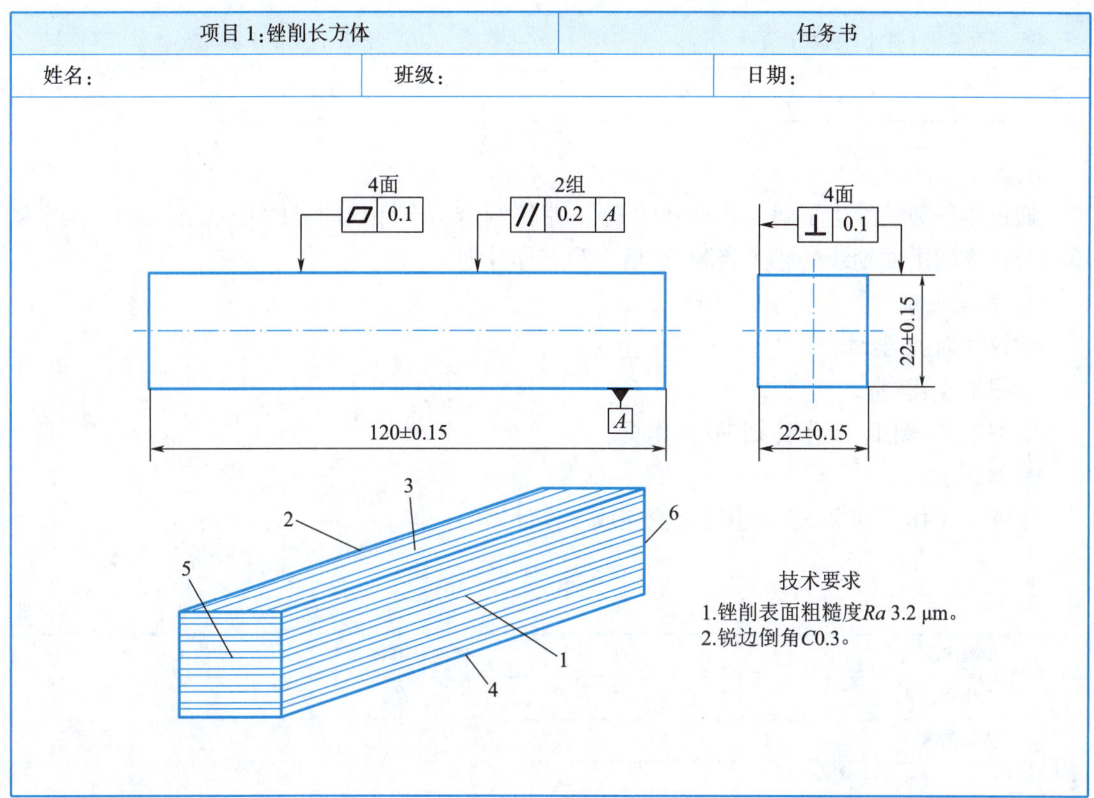

项目1:锉削长方体		任务书
姓名:	班级:	日期:

学习目标

1. 掌握锉削工具的使用方法。
2. 掌握锉削的姿势和动作要领。
3. 掌握各种材料的锉削方法。
4. 能正确识图,并表述零件形状、尺寸、材料等。
5. 能正确使用游标卡尺、刀口角尺、百分表对零件进行检测,并准确记录测试结果。
6. 能按加工工艺步骤对零件进行划线。并用专业术语进行交流。
7. 根据现场管理规范要求,清理场地,归置物品并按环保要求处理废弃物。

项目描述

在 122 mm×24 mm×24 mm 的块料(锯削窄平面的零件)上锉削出零件图纸要求的图形。

教师以此作为教学任务,提供工作图样,通过学生分组讨论,制定最简便的工艺制作流程,并在规定时间内保质保量完成任务。

任务1　工作计划制定

项目1:锉削长方体		任务1:工作计划制定
姓名:	班级:	日期:

1. 学习目标

通过本任务使学生了解工作计划的概念,掌握制定工作计划的目的和方法。并以小组为单位分别查阅平面划线的相关资料,最后填写工作计划书。

2. 学习安排

建议学时:2学时。

学习地点:教室。

学习准备:图纸、工作计划书、工作页。

3. 学习过程

请阅读工作计划书,通过小组讨论完成工作计划的安排。

工作计划书

日期:　　年　月　日

项目名称	锉削长方体		
工作目标			
执行措施			
执行步骤			
材料牌号		所需工、量具	
接受任务时间	年　月　日	完成任务时间	年　月　日
预计完成数量		实际完成数量	
计划制定人		计划承办人	

小提示:执行措施主要是指为达到既定的目标而采取的手段、动员的力量、创造的条件以及需要排除的困难等方面。

引导问题1:如何选择锉刀?

____

____

____

____

引导问题2:简述锉削操作要点。

引导问题3:如何维护与保养锉刀?

引导问题4:简述锉削的安全文明生产操作要点。

学习要点记录

任务2　锉削操作过程

项目1:锉削长方体		任务2:锉削操作过程
姓名:	班级:	日期:

1. 学习目标

按照工件图样独立完成锉削工作,在此过程中进一步强化锉削工具的使用方法。

2. 学习安排

建议学时:4学时。

学习地点:实训室。

学习准备:图纸、工作计划书、工作页。

3. 学习过程

依据锉削长方体的机械加工过程卡片,独立完成工作。

机械加工过程卡				零件名称	锉削长方体	
				材料牌号	Q235	
				毛坯尺寸	122×24×24	
序号	工序名称	工序内容	工序简图	工艺装备	辅具	设备
1	钳	识图及准备	4面 ▱0.1；2组 // 0.2 A；4面 ⊥ 0.1；A；120±0.15；22±0.15；22±0.15	台钳、扁锉、高度游标卡尺、游标卡尺、刀口角尺、百分表、平板等	涂料	
2	钳	锉削第一平面(基准A面)	22±0.15	台钳、扁锉、高度游标卡尺、游标卡尺、刀口角尺、百分表、平板等		
3	钳	锉削第二平面(基准A面的对面),确保垂直度	⊥ 0.1；22±0.15	台钳、扁锉、游标卡尺、刀口角尺等		

续上表

<table>
<tr><td colspan="4" rowspan="3">机械加工过程卡</td><td>零件名称</td><td colspan="2">锉削长方体</td></tr>
<tr><td>材料牌号</td><td colspan="2">Q235</td></tr>
<tr><td>毛坯尺寸</td><td colspan="2">122×24×24</td></tr>
<tr><td>序号</td><td>工序名称</td><td>工序内容</td><td>工序简图</td><td>工艺装备</td><td>辅具</td><td>设备</td></tr>
<tr><td>4</td><td>钳</td><td>锉削第三和第四平面(基准A面的两侧面),确保尺寸及垂直度</td><td> 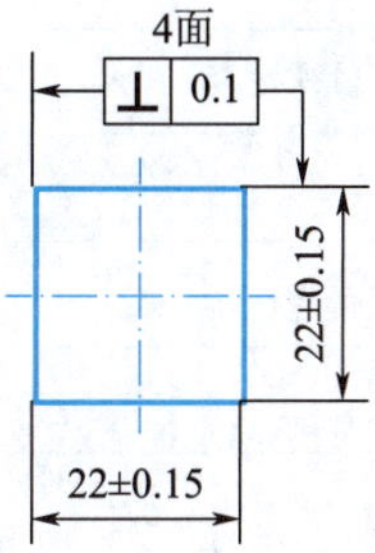4面 ⊥ 0.1
22±0.15
22±0.15</td><td>台钳、扁锉、游标卡尺、刀口角尺等</td><td></td><td></td></tr>
<tr><td>5</td><td>钳</td><td>锉削两端面,确保尺寸及垂直度</td><td> 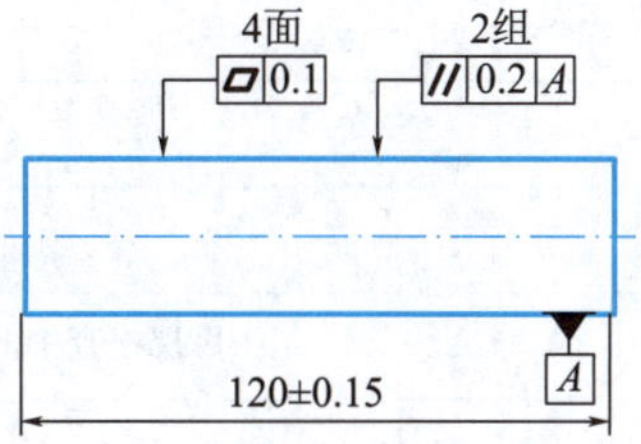4面 ▱ 0.1
2组 // 0.2 A
A
120±0.15</td><td>游标卡尺、刀口角尺等</td><td></td><td></td></tr>
<tr><td>6</td><td>钳</td><td>检查</td><td> 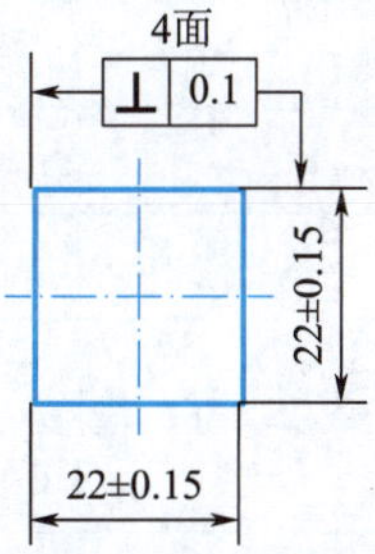4面 ⊥ 0.1
22±0.15
22±0.15</td><td>游标卡尺、刀口角尺等</td><td></td><td></td></tr>
<tr><td>更改内容</td><td colspan="6"></td></tr>
<tr><td>编制</td><td>校对</td><td></td><td>批准</td><td></td><td>审核</td><td></td></tr>
</table>

学习要点记录

任务3 检验与评估

项目1:锉削长方体		任务3:检验与评估
姓名:	班级:	日期:

序号	位置编号	目视检查	评价10~0分		
1					
2					
3					
4					
5					
6					
7					
8					
		目视检查中的中间成绩			
		检查人签名			

序号	位置编号	尺寸检查	误差	实际尺寸	评价10~0分		
1							
2							
3							
4							
5							
6							
7							
8							
				尺寸检查中的中间成绩			
				检查人签名			

任务4 工作总结与作品展示

项目1:锉削长方体		任务4:工作总结与作品展示
姓名:	班级:	日期:

1. 学习目标

通过作品展示这一环节,给学生提供一个自我展示的平台,以小组为单位派出代表介绍自己组的优秀作品。在此过程中培养学生们的语言沟通能力,并在和其他同学的交流中认识到自身所存在的差距,从而取长补短,最终达到提高学习积极性的目的。

2. 学习安排

建议学时:1学时。

学习地点:教室。

3. 学习过程

引导问题1:你通过锉削长方体的制作学到了什么?

____

____

____

____

引导问题2:你制作的锉削长方体零件存在哪些质量缺陷?是由什么原因导致的?下次如果遇到类似问题该如何避免?

____

____

____

____

____

____

____

____

____

____

____

____

____

____

____

____

项目 2　锉削刀口角尺

项目 2:锉削刀口角尺		任务书
姓名:	班级:	日期:
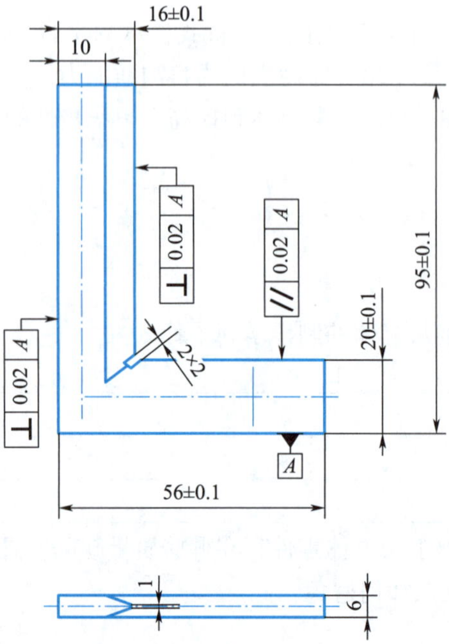 技术要求		

学习目标

1. 掌握锉削工具的使用方法。
2. 掌握锉削的姿势和动作要领。
3. 掌握各种材料的锉削方法。
4. 能正确识图,并表述零件形状、尺寸、材料等。
5. 能正确使用游标卡尺、刀口角尺、百分表对零件进行检测,并准确记录测试结果。
6. 能按加工工艺步骤对零件进行划线。并用专业术语进行交流。
7. 根据现场管理规范要求,清理场地,归置物品并按环保要求处理废弃物。

项目描述

在 100 mm×60 mm×6 mm 的板料上锉削出零件图纸要求的图形。

教师以此作为教学任务,提供工作图样,通过学生分组讨论,制定最简便的工艺制作流程,并在规定时间内保质保量完成任务。

任务1　工作计划制定

项目2:锉削刀口角尺		任务1:工作计划制定
姓名:	班级:	日期:

1. 学习目标

通过本任务使学生了解工作计划的概念,掌握制定工作计划的目的和方法。并以小组为单位分别查阅平面划线的相关资料,最后填写工作计划书。

2. 学习安排

建议学时:2学时。

学习地点:教室。

学习准备:图纸、工作计划书、工作页。

3. 学习过程

请阅读工作计划书,通过小组讨论完成工作计划的安排。

工作计划书

日期:　　年　月　日

项目名称	锉削刀口角尺		
工作目标			
执行措施			
执行步骤			
材料牌号		所需工、量具	
接受任务时间	年　月　日	完成任务时间	年　月　日
预计完成数量		实际完成数量	
计划制定人		计划承办人	

小提示:执行措施主要是指为达到既定的目标而采取的手段、动员的力量、创造的条件以及需要排除的困难等方面。

引导问题1:软钳口有什么作用?

____

____

____

____

引导问题 2:如何控制锉削的平面度?

引导问题 3:如何控制表面粗糙度?

学习要点记录

任务2 锉削操作过程

项目 2:锉削刀口角尺		任务 2:锉削操作过程
姓名:	班级:	日期:

1. 学习目标

按照工件图样独立完成锉削工作,在此过程中进一步强化锉削工具的使用方法。

2. 学习安排

建议学时:4 学时。

学习地点:实训室。

学习准备:图纸、工作计划书、工作页。

3. 学习过程

依据锉削刀口角尺的机械加工过程卡片,独立完成工作。

机械加工过程卡				零件名称	锉削刀口角尺	
				材料牌号	Q235	
				毛坯尺寸	100 mm×60 mm×6 mm	
序号	工序名称	工序内容	工序简图	工艺装备	辅具	设备
1	钳	识图及准备	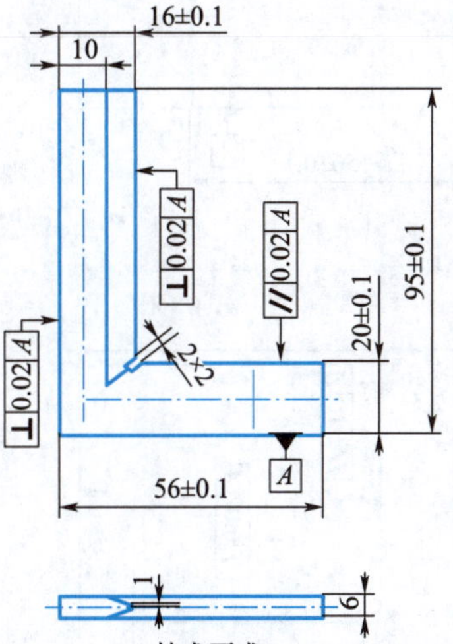 16±0.1 10 95±0.1 20±0.1 56±0.1 ⊥ 0.02 A // 0.02 A ⊥ 0.02 A 2×2 A 1 6 技术要求	台钳、扁锉、高度游标卡尺、游标卡尺、刀口角尺、百分表、平板等	涂料	

续上表

<table>
<tr><td colspan="4" rowspan="3">机械加工过程卡</td><td>零件名称</td><td colspan="2">锉削刀口角尺</td></tr>
<tr><td>材料牌号</td><td colspan="2">Q235</td></tr>
<tr><td>毛坯尺寸</td><td colspan="2">100 mm×60 mm×6 mm</td></tr>
<tr><td>序号</td><td>工序名称</td><td>工序内容</td><td>工序简图</td><td>工艺装备</td><td>辅具</td><td>设备</td></tr>
<tr><td>2</td><td>钳</td><td>锉削基准 A 面及第二平面，保障对基准面 A 的垂直度</td><td> 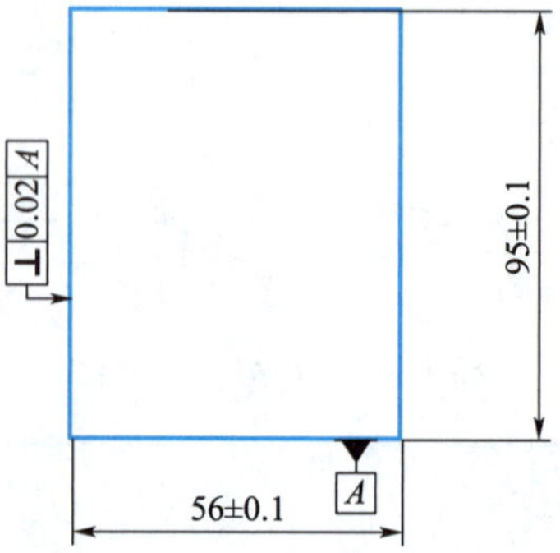</td><td>台钳、扁锉、高度游标卡尺、游标卡尺、刀口角尺、百分表、平板等</td><td></td><td></td></tr>
<tr><td>3</td><td>钳</td><td>锉削 95 和 56 尺寸面，保障尺寸在公差范围内</td><td> 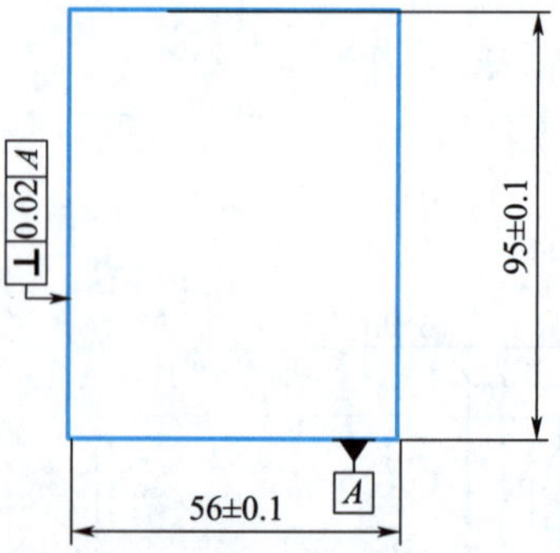</td><td>台钳、扁锉、高度游标卡尺、游标卡尺、刀口角尺、百分表、平板等</td><td></td><td></td></tr>
<tr><td>4</td><td>钳</td><td>划线，锯除余料并锉削 20 尺寸平面，保障对基准面 A 的平行度</td><td> 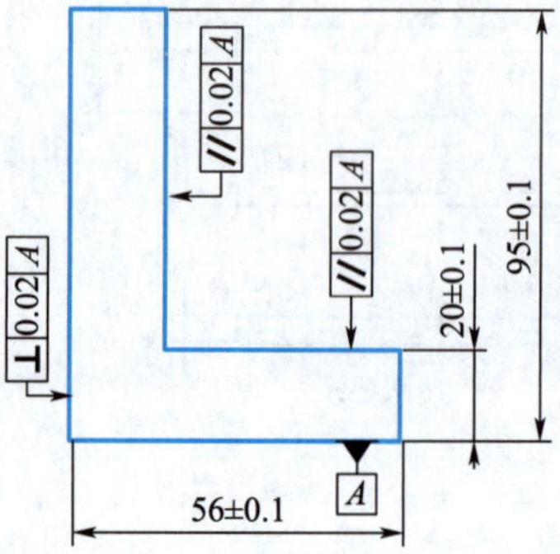</td><td>台钳、扁锉、三角锉、手锯、高度游标卡尺、游标卡尺、刀口角尺、百分表、平板等</td><td></td><td></td></tr>
</table>

续上表

<table>
<tr><td colspan="4" rowspan="3">机械加工过程卡</td><td>零件名称</td><td colspan="2">锉削刀口角尺</td></tr>
<tr><td>材料牌号</td><td colspan="2">Q235</td></tr>
<tr><td>毛坯尺寸</td><td colspan="2">100 mm×60 mm×6 mm</td></tr>
<tr><td>序号</td><td>工序名称</td><td>工序内容</td><td>工序简图</td><td>工艺装备</td><td>辅具</td><td>设备</td></tr>
<tr><td>5</td><td>钳</td><td>锉削第四平面及刀口面，保障16±0.1 mm、56±0.1 mm、对基准面A的垂直度</td><td> 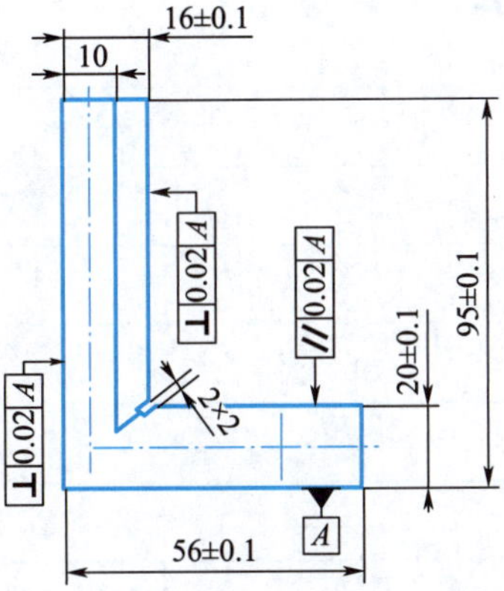</td><td>台钳、扁锉、三角锉、手锯、高度游标卡尺、游标卡尺、刀口角尺、百分表、平板等</td><td></td><td></td></tr>
<tr><td>6</td><td>钳</td><td>检查</td><td> 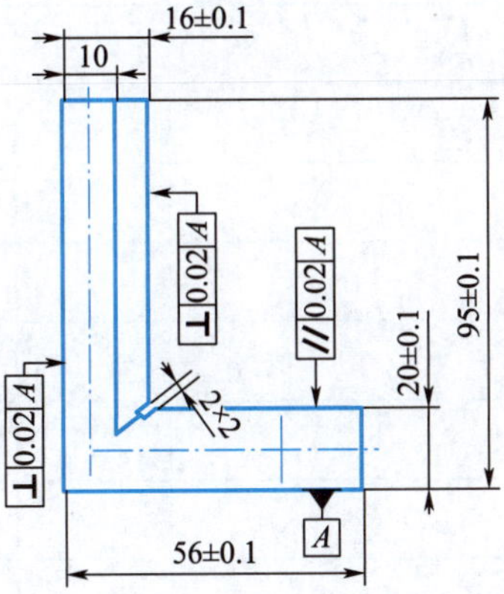</td><td>游标卡尺、刀口角尺、百分表等</td><td></td><td></td></tr>
<tr><td colspan="2">更改内容</td><td colspan="5"></td></tr>
<tr><td>编制</td><td>校对</td><td></td><td>批准</td><td></td><td>审核</td><td></td></tr>
</table>

任务 3　检验与评估

项目 2:锉削刀口角尺		任务 3:检验与评估
姓名:	班级:	日期:

序号	位置编号	目视检查	评价 10~0 分	
1				
2				
3				
4				
5				
6				
7				
8				
		目视检查中的中间成绩		
		检查人签名		

序号	位置编号	尺寸检查	误差	实际尺寸	评价 10~0 分	
1						
2						
3						
4						
5						
6						
7						
8						
				尺寸检查中的中间成绩		
				检查人签名		

任务4 工作总结与作品展示

项目2:锉削刀口角尺		任务4:工作总结与作品展示
姓名:	班级:	日期:

1. 学习目标

通过作品展示这一环节,给学生提供一个自我展示的平台,以小组为单位派出代表介绍自己组的优秀作品。在此过程中培养学生们的语言沟通能力,并在和其他同学的交流中认识到自身所存在的差距,从而取长补短,最终达到提高学习积极性的目的。

2. 学习安排

建议学时:1学时。

学习地点:教室。

3. 学习过程

引导问题1:你通过锉削刀口角尺的制作学到了什么?

引导问题2:你制作的锉削刀口角尺零件存在哪些质量缺陷?是由什么原因导致的?下次如果遇到类似问题该如何避免?

学习领域5

钻　孔

理论知识

一、钻孔

用钻头在实体材料上加工出孔的方法，称为钻孔，如图 5-1 所示。

1. 麻花钻

钻头的种类较多，如麻花钻、扁钻、深孔钻、中心钻等。其中，麻花钻（俗称钻头）是指容屑槽由螺旋面构成的钻头，钻体部分形状像麻花一样，它是钳工常用的主要钻孔刀具。麻花钻的规格用直径表示（靠近钻尖处测量），主要用来在实体材料上钻削直径在 100 mm 以下的孔。

1）麻花钻的组成

麻花钻的组成如图 5-2 所示。

图 5-1　钻孔

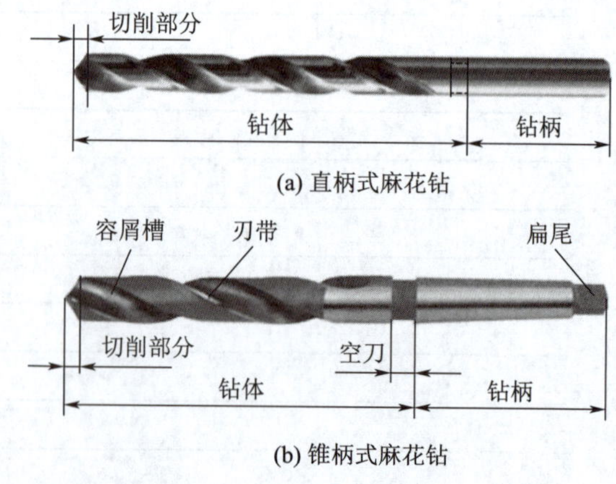

图 5-2　麻花钻组成

（1）钻柄

钻柄是钻头上用于夹固和传动的部分，用以定心和传递动力，有直柄和锥柄两种。莫氏锥柄的大端直径及钻头直径见表 5-1。

表 5-1 莫氏锥柄的大端直径及钻头直径

莫氏圆锥号	1	2	3	4	5	6
大端直径 d_1	12.240	17.980	24.051	31.542	44.731	63.760
钻头直径 d_0	14.00 及以下	14.25~23.00	23.25~31.75	32.00~50.50	51.00~76.00	77.00~100.0

(2)钻体

麻花钻的钻体包括切削部分(又称钻尖)、由两条刃带形成的导向部分及空刀。切削部分是指由产生切屑的诸要素(主切削刃、横刃、前刀面、后刀面、刀尖)所组成的工作部分,如图 5-3 所示,它承担着主要的切削工作。

麻花钻的导向部分用来保持麻花钻钻孔时的正确方向并修光孔壁,在麻花钻刃磨时可作为切削部分的后备。两条容屑槽的作用是形成切削刃,便于容屑、排屑和切削液输入。

空刀是钻体上直径减小的部分,它的作用是在磨制麻花钻时作退刀槽使用,通常锥柄麻花钻的的规格、材料及商标也打印在此处。

2)标准麻花钻的切削角度

(1)麻花钻的辅助平面

麻花钻切削角度的辅助平面如图 5-4 所示。

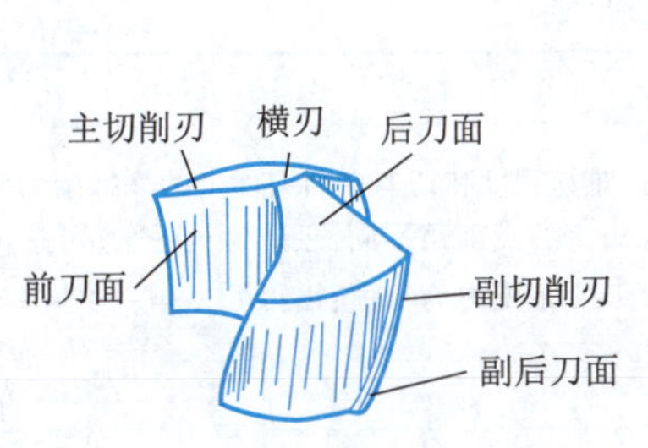

图 5-3 麻花钻切削部分的构成

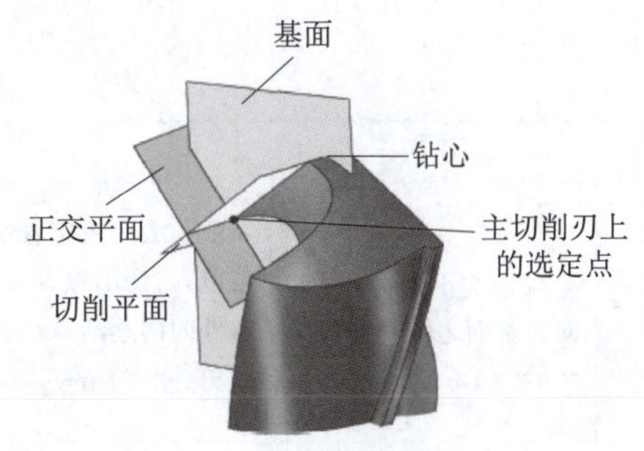

图 5-4 麻花钻的辅助平面

①基面。麻花钻主切削刃上任一点的基面就是通过该点,且垂直于该点切削速度方向的平面,实际上是通过该点与钻心连线的径向平面。

②切削平面。麻花钻主切削刃上任一点的切削平面,是由该点的切削速度方向与该点切削刃的切线所构成的平面。

③正交平面。通过主切削刃上任一点并垂直于基面和切削平面的平面。

④柱剖面。通过主切削刃上任一点作与麻花钻轴线平行的直线,该直线绕麻花钻轴线旋转所形成的圆柱面的切面,如图 5-5 所示。

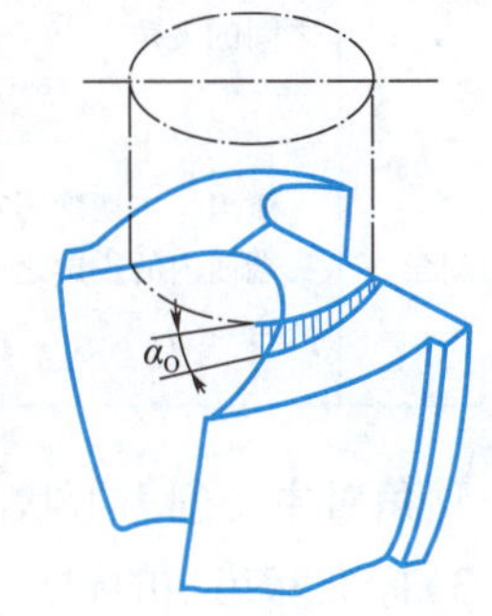

图 5-5 麻花钻柱剖面

(2)标准麻花钻的切削角度

标准麻花钻的切削角度如图 5-6 所示。

标准麻花钻切削角度作用及特点见表 5-2。

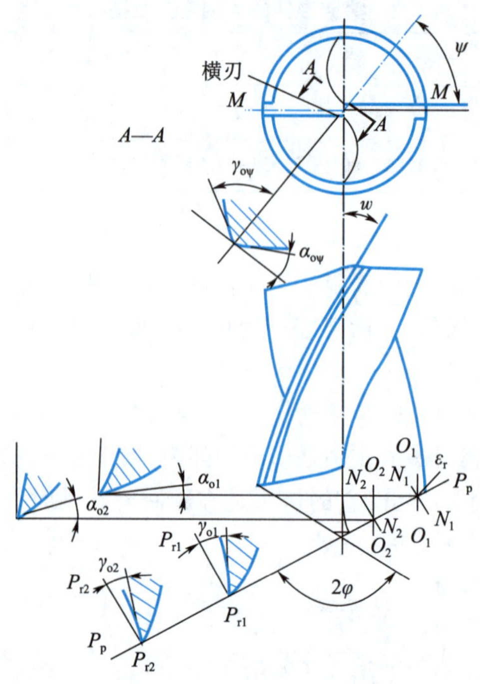

图 5-6　标准麻花钻的切削角度

表 5-2　标准麻花钻

切削角度	定 义	作用及特点
前角 γ_o	在正交平面内，前刀面与基面之间的夹角	前角大小决定着切除材料的难易程度和切屑在前刀面上的摩擦阻力大小。前角愈大，切削愈省力。主切削刃上各点前角不同：近外缘处最大，可达 $\gamma_o=30°$；自外向内逐渐减小，在钻心至 $D/3$ 范围内为负值；横刃处 $\gamma_o=-54°\sim-60°$；接近横刃处的前角 $\gamma_o=-30°$
主后角 α_o	在柱剖面内，后刀面与切削平面之间的夹角	主后角的作用是减小麻花钻后刀面与切削面间的摩擦。主切削刃上各点主后角也不同，外缘处较小，自外向内逐渐增大。直径 15～30 mm 的麻花钻，外缘处 $\alpha_o=9°\sim12°$；钻心处 $\alpha_o=20°\sim26°$；横刃处 $\alpha_o=30°\sim36°$
顶角 2φ	两条主切削刃在其平行平面 M—M 上的投影之间的夹角	顶角影响主切削刃上轴向力的大小。顶角越小，轴向力越小，外缘处刀尖角 ε_r 愈大，利于散热和提高钻头使用寿命。但在相同条件下，钻头所受扭矩增大，切屑变形加剧，排屑困难，不利于润滑。顶角的大小一般根据麻花钻的加工条件而定，标准麻花钻的顶角 $2\varphi=118°\pm2°$
横刃斜角 ψ	横刃与主切削刃在钻头端面内的投影之间的夹角	在刃磨钻头时自然形成。其大小与主后角有关，主后角大，则横刃斜角小，横刃较长。标准麻花钻的横刃斜角 $\psi=50°\sim55°$

顶角对主切削刃形状的影响，如图 5-7 所示。

3）标准麻花钻的缺点

①横刃较长，横刃处前角为负值。切削中，横刃处于挤刮状态，产生很大的轴向力，钻头

易抖动，导致不易定心。

②主切削刃上各点的前角大小不一样，致使各点切削性能不同。

③棱边处的副后角为零。靠近切削部分的棱边与孔壁的摩擦比较严重，易发热磨损。

④主切削刃外缘处的刀尖角 ε_r 较小，前角很大，刀齿薄弱，而此处的切削速度最高，故产生的切削热最多，磨损极为严重。

⑤主切削刃长且全部参与切削。增大了切屑变形，排屑困难。

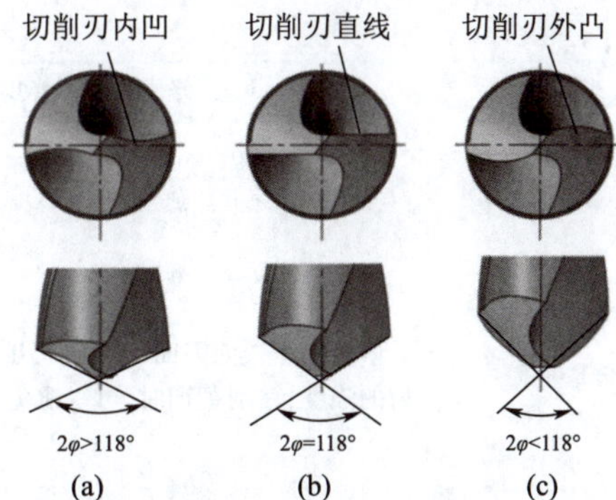

图 5-7 顶角对主切削刃形状的影响

4）标准麻花钻的修磨

标准麻花钻的修磨见表 5-3。

表 5-3 标准麻花钻的修磨

修磨措施	修磨要求及效果	图示
磨短横刃并增大靠近钻心处的前角	这是最基本的修磨方式。修磨后横刃的长度“b”为原来的 1/3～1/5，以减小轴向抗力和挤刮现象，提高钻头的定心作用和切削的稳定性。同时，在靠近钻心处形成内刃，内刃斜角 $\tau=20°\sim30°$，内刃处前角 $\gamma_\tau=0°\sim-15°$，切削性能得以改善。一般直径在 5 mm 以上的麻花钻均须修磨横刃	
修磨主切削刃	主要是磨出第二顶角 $2\varphi_o$（$70°\sim75°$）。在麻花钻外缘处磨出过渡刃（$f_o=0.2d$），以增大外缘处的刀尖角，改善散热条件，增加刀齿强度，提高切削刃与棱边交角处的耐磨性，延长钻头寿命，减少孔壁的残留面积，有利于减小孔的粗糙度	
修磨棱边	在靠近主切削刃的一段棱边上，磨出副后角 $\alpha_{o1}=6°\sim8°$，并保留棱边宽度为原来的 1/3～1/2，以减少对孔壁的摩擦，延长钻头寿命	

续上表

修磨措施	修磨要求及效果	图示
修磨前刀面	修磨外缘处前刀面，可以减小此处的前角，提高刀齿的强度，钻削黄铜时，可以避免“扎刀”现象	磨去 A—A
修磨分屑槽	在两个后刀面或前刀面上磨出几条相互错开的分屑槽，使切屑变窄，以利排屑。直径大于 15 mm 的钻头都可磨出分屑槽	A向 (a) 前面开槽 A向 (b) 后面开槽

2. 群钻

群钻是利用标准麻花钻经合理刃磨而成的高生产率、高加工精度、适应性强、寿命长的新型钻头。

(1)标准群钻

标准群钻如图 5-8 所示。

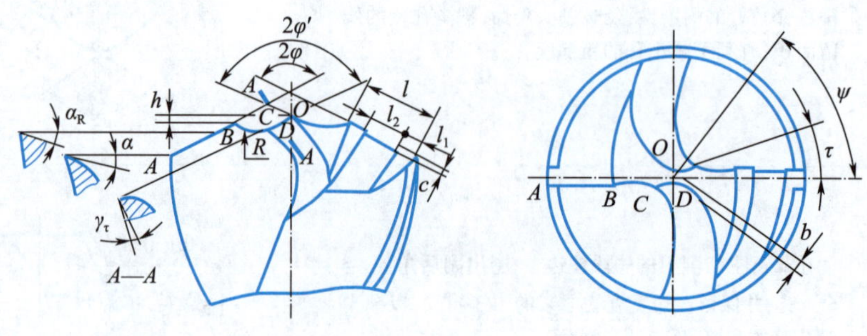

图 5-8　标准群钻

标准群钻的修磨见表5-4。

表5-4　标准群钻的修磨

修磨措施	修磨要求及效果	图示
磨出月牙槽	在后刀面上对称磨出,形成凹形圆弧刃,把主切削刃分成三段,即外直刃、圆弧刃、内直刃。磨出外圆弧刃,增大了靠近钻心处前角,减少了挤刮现象,使切削省力;有利于分屑、断屑和排屑;钻孔时圆弧刃在孔底上切削出一道圆环筋,加强了定心作用;磨出月牙槽还降低了钻尖高度,横刃可磨得较短而不致影响钻尖强度	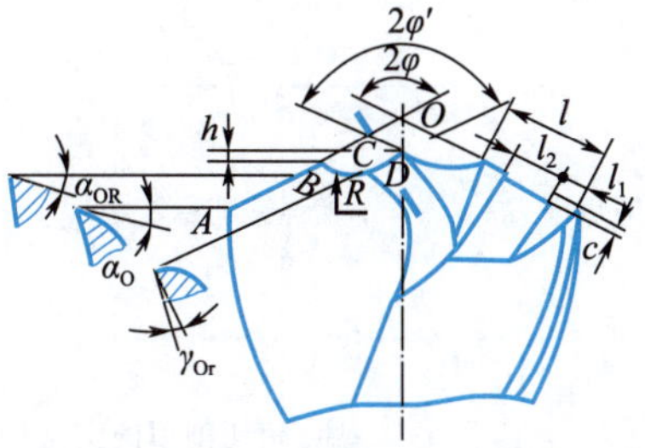
磨短横刃	使横刃为原来的1/7~1/5,同时使新形成的内直刃上的前角也大大增加,以减少轴向抗力,加强定心作用,提高切削能力	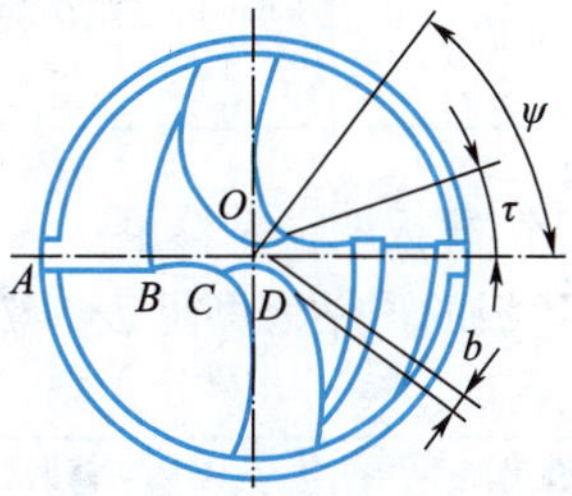
磨出单边分屑槽	在一条外刃上磨出凹形分屑槽,利于排屑	

(2)钻铸铁的群钻修磨见表5-5。

表5-5　钻铸铁的群钻修磨

修磨措施	修磨要求及效果	图示
磨出第二顶角($2\varphi_1=70°$)	较大的钻头可以磨出第二(或第三)顶角,使外直刃变成二段(或三段)直刃,以减少轴向抗力,提高耐磨性	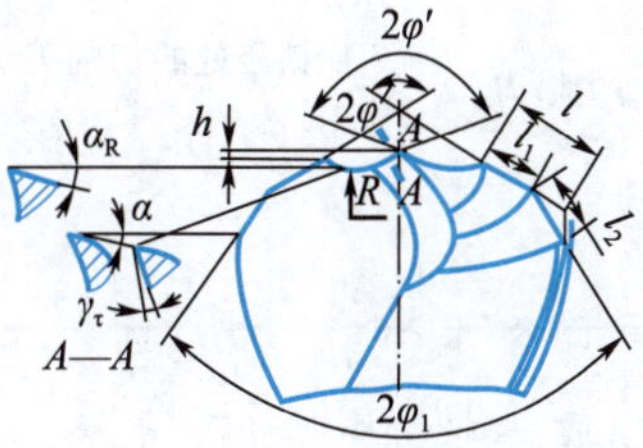
适当地磨大后角	减少后刀面与工件的摩擦	
磨短横刃	减小切削抗力,增强钻削稳定性	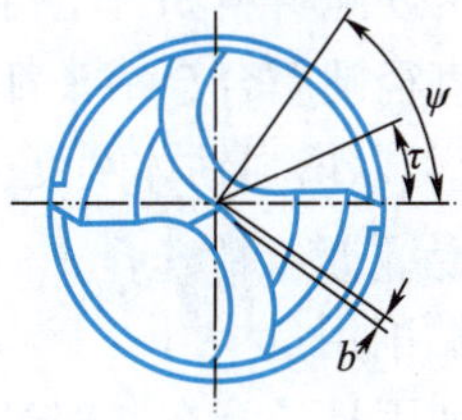

(3)钻黄铜或青铜的群钻修磨见表5-6。

表 5-6 钻黄铜或青铜的群钻修磨

修磨措施	修磨要求及效果	图示
磨小外缘处的前角	避免扎刀现象	
磨短横刃	增强钻削稳定性	
磨出过渡圆弧	主、副切削刃的交角处磨成 $r=0.5\sim1$ mm 的过渡圆弧,改善钻孔表面粗糙度	

(4)钻薄板的群钻修磨

钻薄板的群钻修磨见表5-7。

表 5-7 钻薄板的群钻修磨

修磨措施	修磨要求及效果	图示
两主切削刃磨成圆弧形切削刃	形成三尖,此时,钻尖高度磨低,切削刃外缘磨出锋利的两个刀尖,与钻心刀尖相差 0.5~1.5 mm,提高了定心作用,当钻头钻穿时,轴向力不会突然减小	
磨短、磨尖横刃	使钻心处的切削刃更锋利,提高定心作用	

3. 硬质合金钻头

加工硬脆材料如合金铸铁、玻璃、脆硬钢等难加工材料,必须使用硬质合金钻头。

小直径硬质合金钻头都做成整体结构,除了用于加工硬材料外,也适用于加工非金属压层材料,可以增强钻体刚度,减少震动,便于排屑,防止刀片崩裂。

4. 钻削用量的选择

1)钻削用量

钻削用量是指在钻削过程中,切削速度、进给量和切削深度的总称,如图5-9所示。

(1)钻削时的切削速度

钻孔时钻头直径上一点的线速度,用 v 表示。可由下式计算:

$$v=\frac{\pi Dn}{1\ 000}$$

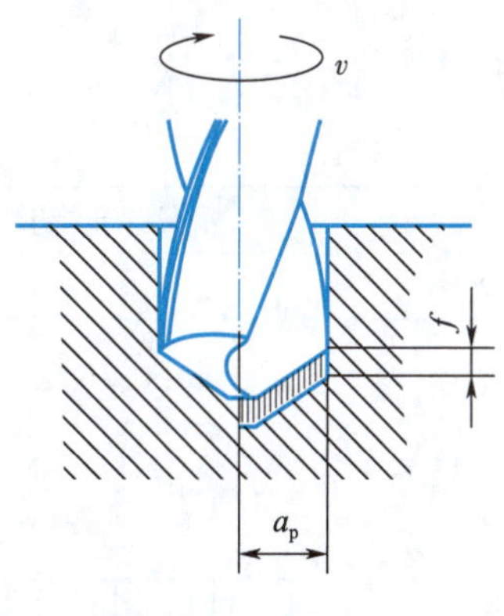

图 5-9 钻削用量

式中 v——切削速度,m/min;

D——钻头直径,mm;

n——钻床主轴转速,r/min。

(2)钻削时的进给量

主轴每转一周,钻头相对工件沿主轴轴线的相对移动量,用 f 表示,单位是 mm。

(3)切削深度

已加工表面与待加工表面之间的垂直距离,用 a_p 表示。钻削时,$a_p=D-2$(mm)。

2)钻削用量的选择

钻削用量的选用原则是:在允许范围内,尽量先选较大的进给量 f,当 f 受到表面粗糙度和钻头刚度的限制时,再考虑选较大的切削速度 v。钻削用量的选择方法如下:

(1)切削深度的选择

直径小于 30 mm 的孔可一次钻出;直径为 30~80 mm 的孔可分两次钻削,先用(0.5~0.7)D(D 为要求的孔径)的钻头钻出底孔,然后再用直径为 D 的钻头将孔扩至要求尺寸。

(2)进给量的选择

当孔的尺寸精度、表面粗糙度要求较高时,应选择较小的进给量;钻小孔、深孔时,由于钻头细而长,强度低、刚性差、易折断,应选较小的进给量。

(3)钻削速度的选择

当钻头的直径和进给量确定后,钻削速度应按钻头的寿命选取合理数值,一般按经验选取,孔深较大时,应选较小的钻削速度。

5. 钻孔用切削液

不同的材料要用到不同的切削液,具体见表 5-8。

表 5-8 不同工件材料的切削液选择

工件材料	切削液
各类结构钢	3%~5%乳化液,7%硫化乳化液
不锈钢、耐热钢	3%肥皂加 2%亚麻油水溶液,硫化切削油
紫铜、黄铜、青铜	5%~8%乳化液
铸铁	5%~8%乳化液,煤油
铝合金	5%~8%乳化液,煤油,煤油与菜油的混合油
有机玻璃	5%~8%乳化液,煤油

6. 钻孔的操作要点

①钻孔前要检查工件加工孔位置和钻头刃磨是否正确,钻床转速是否合理。

②起钻时,先钻出一浅坑,观察钻孔位置是否正确。达到钻孔位置要求后,即可压紧工件继续钻孔。

③选择合理的进给量,以免造成钻头折断或发生事故。

④选择合适的切削液,以延长钻头寿命并改善加工孔的表面质量。

项目　钻长方体

<table>
<tr><td colspan="2">项目:钻长方体</td><td colspan="2">任务书</td></tr>
<tr><td>姓名:</td><td colspan="2">班级:</td><td>日期:</td></tr>
</table>

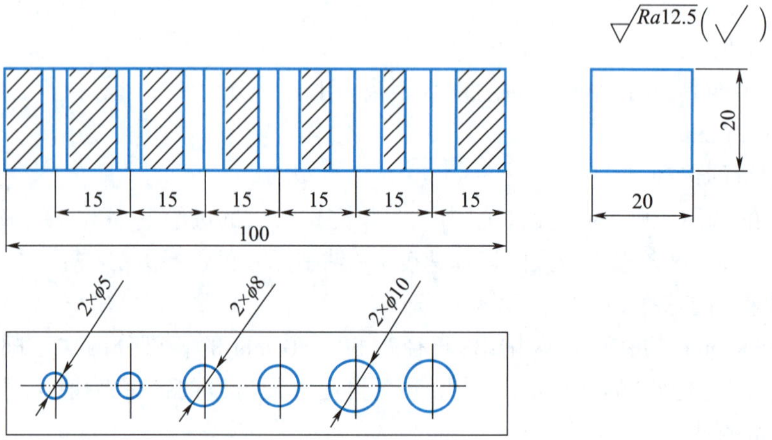

学习目标

1. 掌握钻削机床及钻头的使用方法。
2. 掌握钻削的安全操作事项。
3. 掌握钻头的刃磨方法。
4. 掌握钻削用量的选择。
5. 能正确使用游标卡尺等量具对零件进行检测,并准确记录测试结果。
6. 能按加工工艺步骤对零件进行划线,并用专业术语进行交流。
7. 能根据现场管理规范要求,清理场地,归置物品并按环保要求处理废弃物。

项目描述

在 100 mm×20 mm×20 mm 的板料上钻出零件图纸要求的图形。

教师以此作为教学任务,提供工作图样,通过学生分组讨论,制定最简便的工艺制作流程,并在规定时间内保质保量完成任务。

任务1　工作计划制定

<table>
<tr><td colspan="2">项目:钻长方体</td><td>任务1:工作计划制定</td></tr>
<tr><td>姓名:</td><td>班级:</td><td>日期:</td></tr>
</table>

1. 学习目标

通过本任务使学生了解工作计划的概念,掌握制定工作计划的目的和方法。并以小组为单位分别查阅平面划线的相关资料,最后填写工作计划书。

2. 学习安排

建议学时:2学时。

学习地点:教室。

学习准备:图纸、工作计划书、工作页。

3. 学习过程

请阅读工作计划书,通过小组讨论完成工作计划的安排。

工作计划书

日期:　　年　月　日

<table>
<tr><td>项目名称</td><td colspan="3">钻长方体</td></tr>
<tr><td>工作目标</td><td colspan="3"></td></tr>
<tr><td>执行措施</td><td colspan="3"></td></tr>
<tr><td>执行步骤</td><td colspan="3"></td></tr>
<tr><td>材料牌号</td><td></td><td>所需工、量具</td><td></td></tr>
<tr><td>接受任务时间</td><td>年　月　日</td><td>完成任务时间</td><td>年　月　日</td></tr>
<tr><td>预计完成数量</td><td></td><td>实际完成数量</td><td></td></tr>
<tr><td>计划制定人</td><td></td><td>计划承办人</td><td></td></tr>
</table>

小提示:执行措施主要是指为达到既定的目标而采取的手段、动员的力量、创造的条件以及需要排除的困难等方面。

引导问题1:请准确填写图5-10中序号所表示的含义。

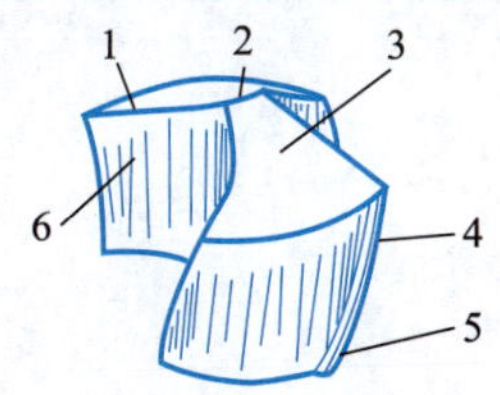

图5-10　引导问题1图

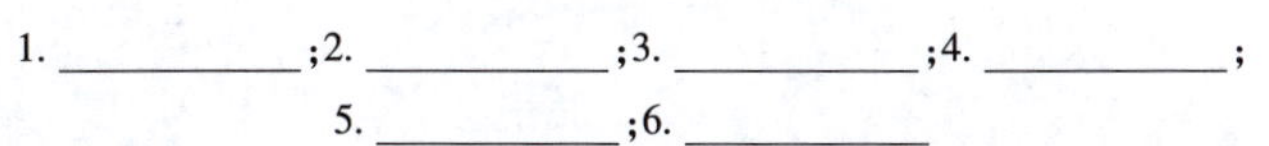

1. ____________;2. ____________;3. ____________;4. ____________;

5. ____________;6. ____________

引导问题 2：简述刃磨标准麻花钻的步骤。

引导问题 3：简述钻孔前的准备工作包括哪些内容。

引导问题 4：简述钻床安全操作规程。

学习要点记录

任务2 钻削长方体操作过程

项目:钻长方体		任务2:钻削长方体操作过程
姓名:	班级:	日期:

1. 学习目标

按照工件图样独立完成划线及钻削长方体工作,在此过程中进一步强化钻床及麻花钻的使用方法。

2. 学习安排

建议学时:4学时。

学习地点:实训室。

学习准备:图纸、工作计划书、工作页。

3. 学习过程

依据钻削长方体的机械加工过程卡片,独立完成工作。

机械加工过程卡				零件名称	钻削长方体	
				材料牌号	Q235	
				毛坯尺寸	100 mm×20 mm×20 mm	
序号	工序名称	工序内容	工序简图	工艺装备	辅具	设备
1	钳	识图及准备	Ra12.5 (√) 15 15 15 15 15 15 100 20 20 2×φ5 2×φ8 2×φ10	台钻、钻头、高度游标卡尺、游标卡尺、平板等	涂料	
2	钳	划出不同孔的中心线,冲中心点并用划规划圆	2×φ5 2×φ8 2×φ10	高度游标卡尺、划规、样冲、平板等		

续上表

机械加工过程卡				零件名称	钻削长方体	
				材料牌号	Q235	
				毛坯尺寸	100 mm×20 mm×20 mm	
序号	工序名称	工序内容	工序简图	工艺装备	辅具	设备
3	钳	钻 2×ϕ5 孔	2×ϕ5	台钻、钻头、平口钳		
4	钳	钻 2×ϕ8 孔	2×ϕ5　2×ϕ8	台钻、钻头、平口钳		
5	钳	钻 2×ϕ10 孔	2×ϕ5　2×ϕ8　2×ϕ10	台钻、钻头、平口钳		
6	钳	检查	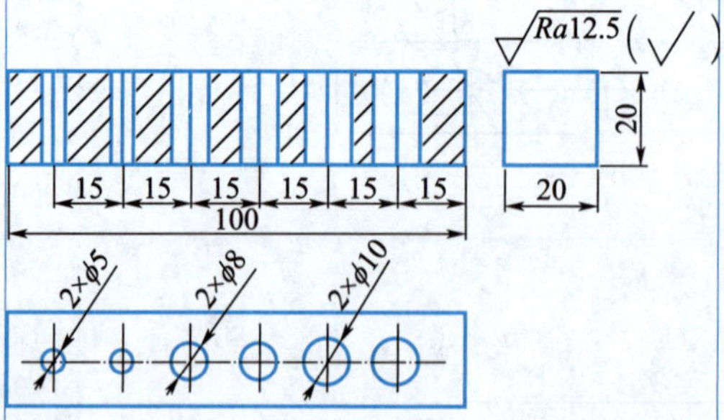 Ra12.5 (√)　15　15　15　15　15　15　100　20　20　2×ϕ5　2×ϕ8　2×ϕ10	游标卡尺等		
更改内容						
编制	校对		批准		审核	

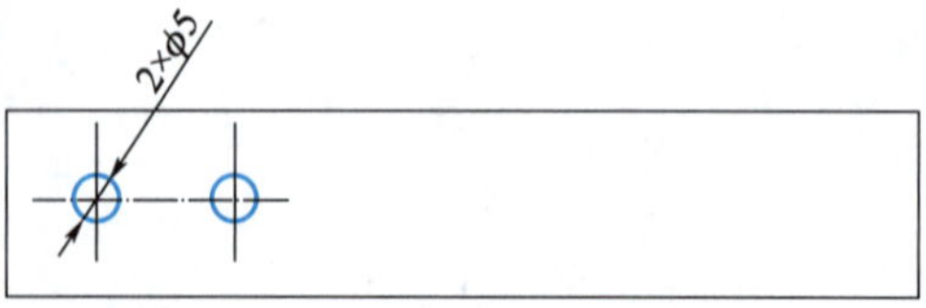

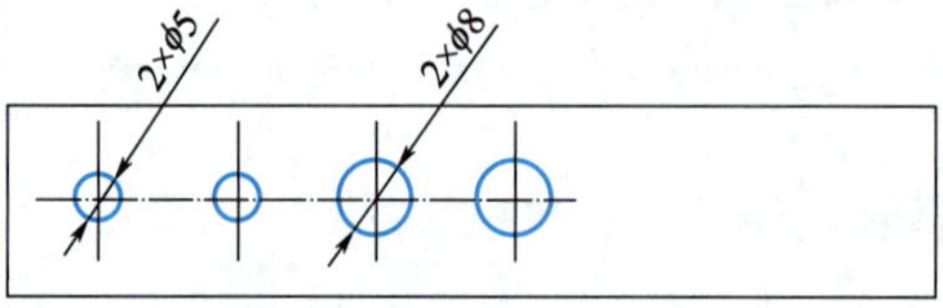

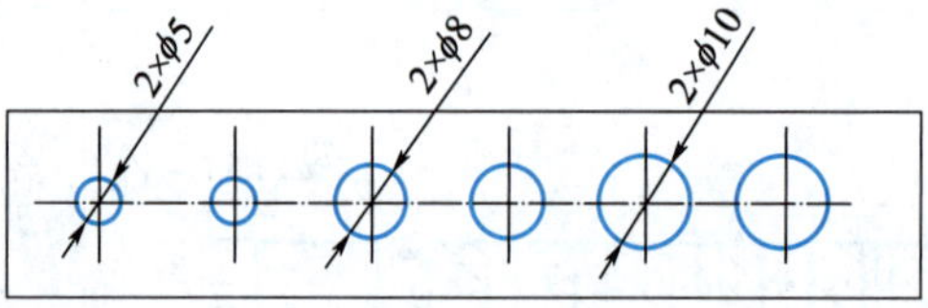

任务3　检验与评估

项目:钻长方体		任务3:检验与评估
姓名:	班级:	日期:

序号	位置编号	目视检查	评价10~0分	
1				
2				
3				
4				
5				
6				
7				
8				
		目视检查中的中间成绩		
		检查人签名		

序号	位置编号	尺寸检查	误差	实际尺寸	评价10~0分	
1						
2						
3						
4						
5						
6						
7						
8						
				尺寸检查中的中间成绩		
				检查人签名		

任务4　工作总结与作品展示

项目:钻长方体		任务4:工作总结与作品展示
姓名:	班级:	日期:

1. 学习目标

通过作品展示这一环节,给学生提供一个自我展示的平台,以小组为单位派出代表介绍自己组的优秀作品。在此过程中培养学生们的语言沟通能力,并在和其他同学的交流中认识到自身所存在的差距,从而取长补短,最终达到提高学习积极性的目的。

2. 学习安排

建议学时:1学时。

学习地点:教室。

3. 学习过程

引导问题1:你通过钻长方体的制作学到了什么?

____

____

____

____

____

____

____

引导问题2:你钻削的长方体零件存在哪些质量缺陷?是由什么原因导致的?下次如果遇到类似问题该如何避免?

____

____

____

____

____

____

____

____

____

____

____

学习领域 6

扩孔与锪孔

理论知识

一、扩孔

用扩孔工具扩大工件孔径的加工方法称为扩孔，如图 6-1 所示。

扩孔时切削深度 a_p 为：$a_p=\dfrac{D-d}{2}$

式中　D——扩孔后的直径，mm；

d——扩孔前的直径，mm。

1. 扩孔的特点

①扩孔钻无横刃，避免了横刃切削所引起的不良影响。

②切削深度较小，产生的切屑体积小、切屑容易排出，不易擦伤已加工面。

③扩孔钻强度高、齿数多，因而导向性好、切削稳定，可使用较大切削用量，提高了生产效率。

④加工质量较高。

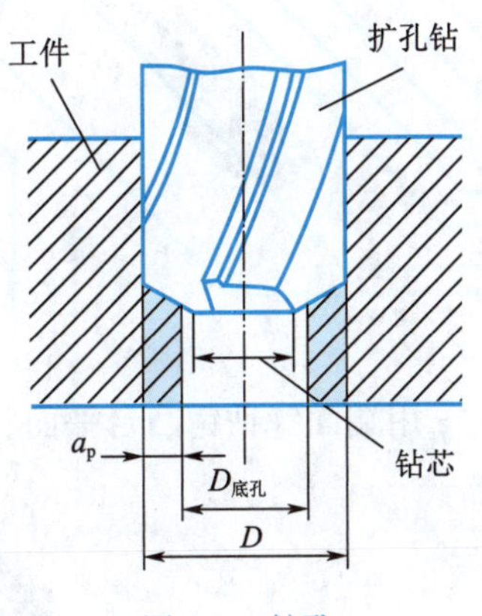

图 6-1　扩孔

2. 扩孔注意事项

①扩孔钻多用于成批大量生产。

②用麻花钻扩孔，扩孔前钻孔直径为 0.5~0.7 倍的要求孔径；用扩孔钻扩孔，扩孔前钻孔直径为 0.9 倍的要求孔径。

③钻孔后，在不改变工件与机床主轴相互位置的情况下，应立即换上扩孔钻进行扩孔，使钻头与扩孔钻的中心重合，保证加工质量。

二、锪孔

用锪钻或锪刀刮平孔的端面或切出沉孔的方法，称为锪孔。锪孔的目的是保证孔端面与孔中心线的垂直度，以便与孔连接的零件位置正确，连接可靠。

用柱形锪钻锪圆柱形沉孔，如图 6-2 所示。

用锥形锪钻锪锥形沉孔，如图 6-3 所示。

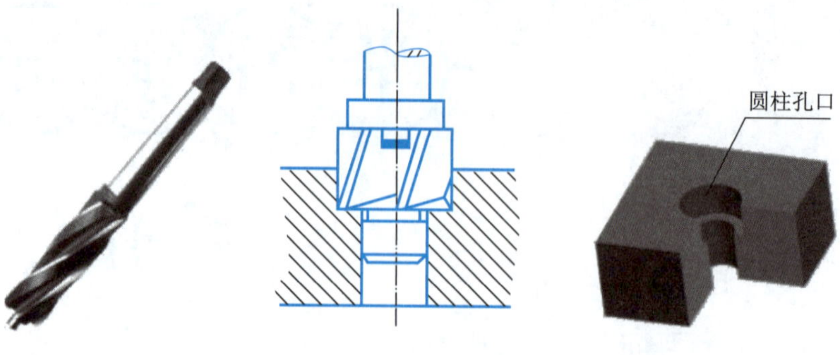

图 6-2　柱形锪钻锪圆柱形沉孔

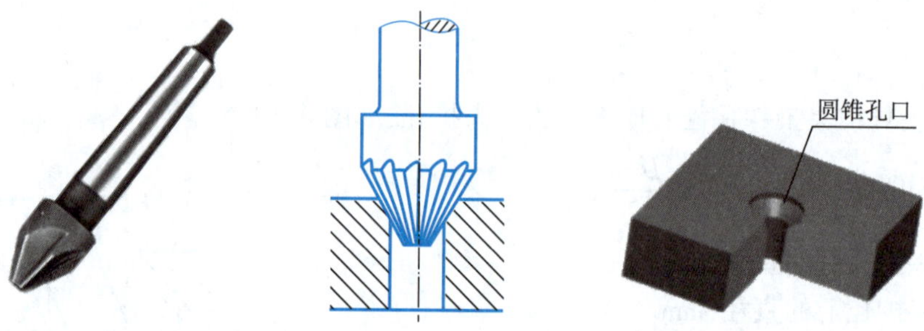

图 6-3　用锥形锪钻锪锥形沉孔

用端面锪钻锪凸台平面，如图 6-4 所示。

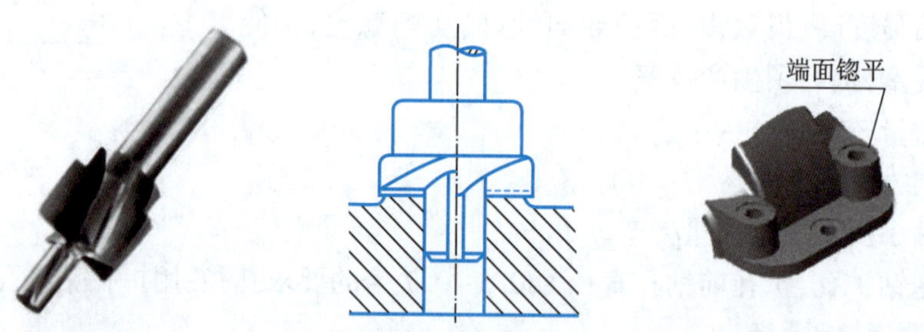

图 6-4　用端面锪钻锪凸台平面

在锪孔时应注意以下几点：

①锪孔时的进给量为钻孔的 2~3 倍，切削速度为钻孔的 1/3~1/2。精锪时可利用停车后的主轴惯性来锪孔，以减少振动而获得光滑表面。

②使用麻花钻改制锪钻时，尽量选用较短的钻头，并适当减小后角和外缘处前角，以防止扎刀并减少振动。

③锪钢件时，应在导柱和切削表面加切削液润滑。

项目　扩孔与锪孔

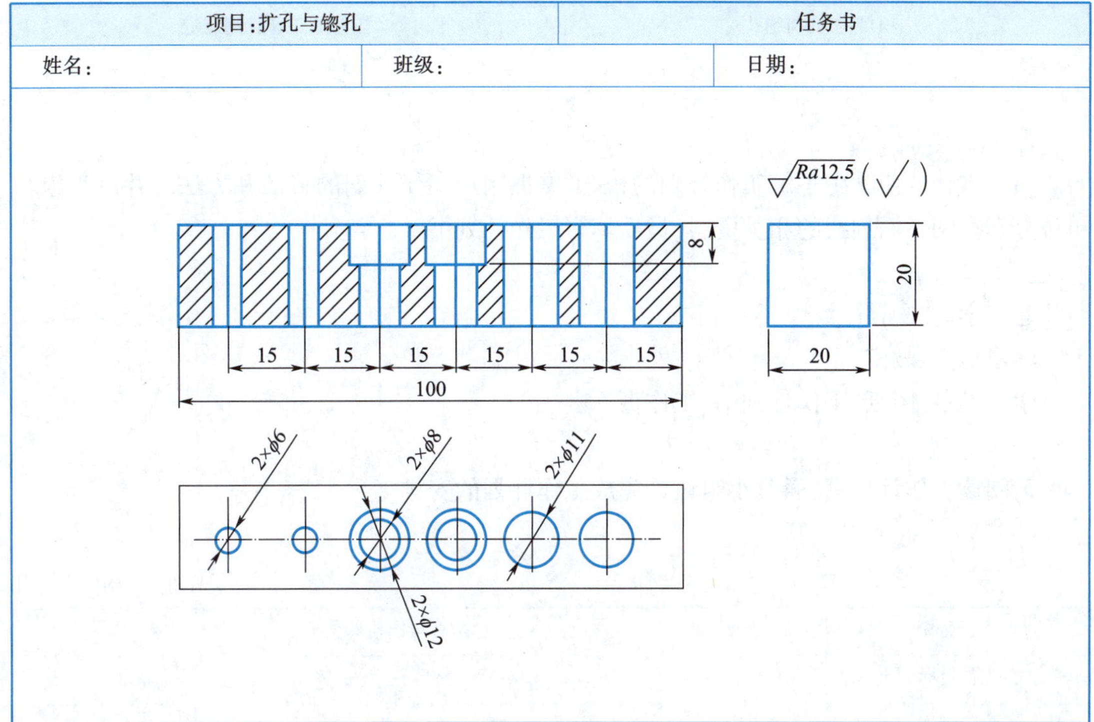

项目:扩孔与锪孔		任务书
姓名:	班级:	日期:

学习目标

1. 掌握扩孔与锪孔钻的刃磨方法。
2. 掌握扩孔与锪孔的安全操作事项。
3. 掌握扩孔与锪孔钻削用量的选择。
4. 能正确使用游标卡尺等量具对零件进行检测,并准确记录测试结果。
5. 能按加工工艺步骤对零件进行划线。并用专业术语进行交流。
6. 根据现场管理规范要求,清理场地,归置物品并按环保要求处理废弃物。

项目描述

在 100 mm×20 mm×20 mm 的板料(钻削长方体的工件)上扩孔与锪孔出零件图纸要求的图形。

教师以此作为教学任务,提供工作图样,通过学生分组讨论,制定最简便的工艺制作流程,并在规定时间内保质保量完成任务。

任务1　工作计划制定

项目:扩孔与锪孔		任务1:工作计划制定
姓名:	班级:	日期:

1. 学习目标

通过本任务使学生了解工作计划的概念,掌握制定工作计划的目的和方法。并以小组为单位分别查阅平面划线的相关资料,最后填写工作计划书。

2. 学习安排

建议学时:2学时。

学习地点:教室。

学习准备:图纸、工作计划书、工作页。

3. 学习过程

请阅读工作计划书,通过小组讨论完成工作计划的安排。

工作计划书

日期:　　年　月　日

项目名称	扩孔与锪孔		
工作目标			
执行措施			
执行步骤			
材料牌号		所需工、量具	
接受任务时间	年　月　日	完成任务时间	年　月　日
预计完成数量		实际完成数量	
计划制定人		计划承办人	

小提示:执行措施主要是指为达到既定的目标而采取的手段、动员的力量、创造的条件以及需要排除的困难等方面。

引导问题1:简述扩孔方法及注意事项。

引导问题2:简述锪孔方法及注意事项。

引导问题3:简述锪孔钻的刃磨方法。

学习要点记录

任务 2　扩孔与锪孔训练操作过程

项目:扩孔与锪孔		任务 2:扩孔与锪孔训练操作过程
姓名:	班级:	日期:

1. 学习目标

按照工件图样独立完成划线及扩孔与锪孔训练工作,在此过程中进一步强化钻床及麻花钻的使用方法。

2. 学习安排

建议学时:4 学时。

学习地点:实训室。

学习准备:图纸、工作计划书、工作页。

3. 学习过程

依据扩孔与锪孔训练的机械加工过程卡片,独立完成工作。

<table>
<tr><td colspan="4" rowspan="3">机械加工过程卡</td><td>零件名称</td><td colspan="2">扩孔与锪孔</td></tr>
<tr><td>材料牌号</td><td colspan="2">Q235</td></tr>
<tr><td>毛坯尺寸</td><td colspan="2">100 mm×20 mm×20 mm</td></tr>
<tr><td>序号</td><td>工序名称</td><td>工序内容</td><td>工序简图</td><td>工艺装备</td><td>辅具</td><td>设备</td></tr>
<tr><td>1</td><td>钳</td><td>识图及准备</td><td>Ra12.5 (√)
8　20
15　15　15　15　15　15
100　20
2×φ6　2×φ8　2×φ11
2×φ12</td><td>台钻、钻头、高度游标卡尺、游标卡尺、平板等</td><td>涂料</td><td></td></tr>
<tr><td>2</td><td>钳</td><td>扩 2×φ6 孔</td><td>2×φ6</td><td>台钻、钻头、平口钳</td><td></td><td></td></tr>
</table>

续上表

<table>
<tr><td colspan="4" rowspan="3">机械加工过程卡</td><td>零件名称</td><td colspan="2">扩孔与锪孔</td></tr>
<tr><td>材料牌号</td><td colspan="2">Q235</td></tr>
<tr><td>毛坯尺寸</td><td colspan="2">100 mm×20 mm×20 mm</td></tr>
<tr><td>序号</td><td>工序名称</td><td>工序内容</td><td>工序简图</td><td>工艺装备</td><td>辅具</td><td>设备</td></tr>
<tr><td>3</td><td>钳</td><td>扩 2×ϕ11 孔</td><td> 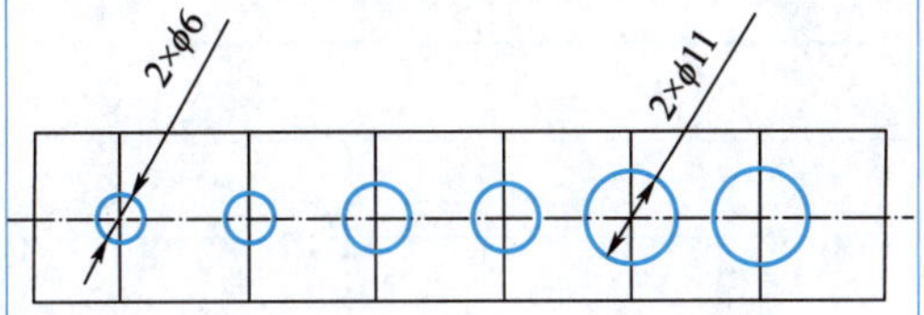2×ϕ6
2×ϕ11</td><td>台钻、钻头、平口钳</td><td></td><td></td></tr>
<tr><td>4</td><td>钳</td><td>先扩 2×ϕ8 孔,再锪孔 2×ϕ12,确保 8 mm 深度</td><td> 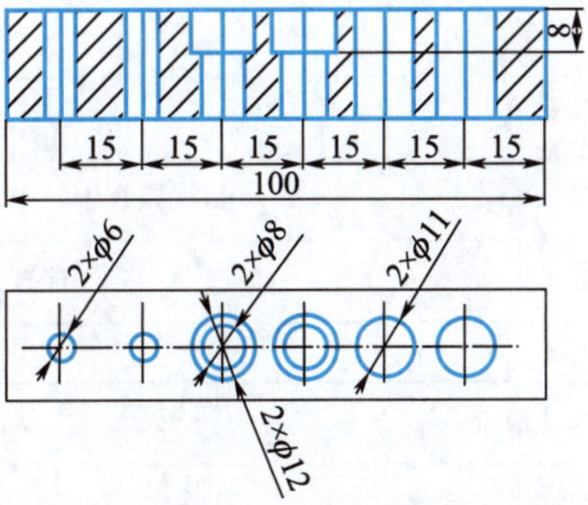8
15 15 15 15 15 15
100
2×ϕ6
2×ϕ8
2×ϕ11
2×ϕ12</td><td>台钻、钻头、平口钳</td><td></td><td></td></tr>
<tr><td>5</td><td>钳</td><td>检查</td><td> 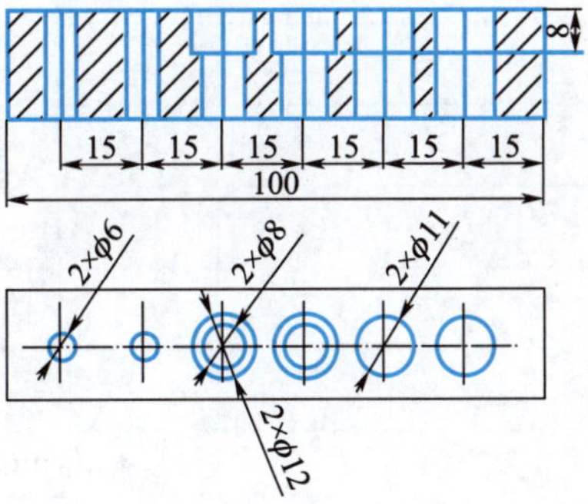8
15 15 15 15 15 15
100
2×ϕ6
2×ϕ8
2×ϕ11
2×ϕ12</td><td>游标卡尺等</td><td></td><td></td></tr>
<tr><td>更改内容</td><td colspan="6"></td></tr>
</table>

编制	校对		批准		审核	

任务3 检验与评估

项目:扩孔与锪孔		任务3:检验与评估
姓名:	班级:	日期:

序号	位置编号	目视检查	评价10~0分
1			
2			
3			
4			
5			
6			
7			
8			
		目视检查中的中间成绩	
		检查人签名	

序号	位置编号	尺寸检查	误差	实际尺寸	评价10~0分
1					
2					
3					
4					
5					
6					
7					
8					
				尺寸检查中的中间成绩	
				检查人签名	

任务4　工作总结与作品展示

项目:扩孔与锪孔		任务4:工作总结与作品展示
姓名:	班级:	日期:

1. 学习目标

通过作品展示这一环节,给学生提供一个自我展示的平台,以小组为单位派出代表介绍自己组的优秀作品。在此过程中培养学生们的语言沟通能力,并在和其他同学的交流中认识到自身所存在的差距,从而取长补短,最终达到提高学习积极性的目的。

2. 学习安排

建议学时:1学时。

学习地点:教室。

3. 学习过程

引导问题1:你通过扩孔与锪孔训练学到了什么?

____

____

____

引导问题2:你扩孔与锪孔的零件存在哪些质量缺陷?是由什么原因导致的?下次如果遇到类似问题该如何避免?

____

____

____

____

____

____

____

____

____

学习要点记录

____

____

____

____

____

学习领域7

铰　　孔

理论知识

铰孔

用铰刀从工件孔壁上切除微量金属层,以提高尺寸精度和表面粗糙度的方法,称为铰孔,如图7-1所示。

图7-1　铰孔

1. 铰刀

(1)铰刀的组成

铰刀(以整体式圆柱铰刀为例)由柄部和刀体部分组成。刀体是铰刀的主要工作部分,它包含导锥、切削锥和校准部分。导锥用于将铰刀引入孔中,不起切削作用;切削锥承担主要的切削任务;校准部分有圆柱刃带,主要起定向、修光孔壁、保证铰孔直径等作用。为了减小铰刀和孔壁的摩擦,校准部分直径有倒锥度。

按使用方法,铰刀分为手用铰刀和机用铰刀,分别如图7-2和图7-3所示。

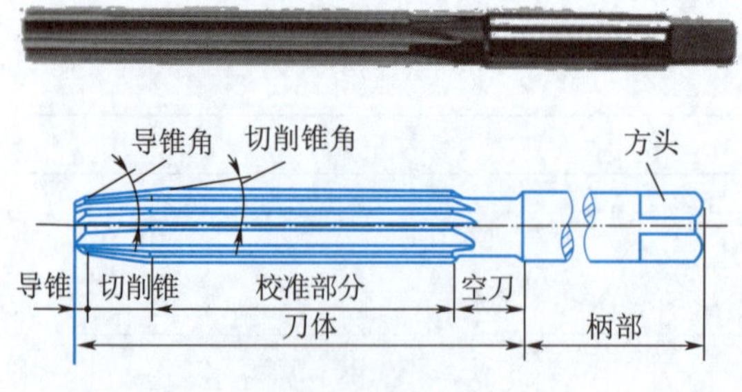

图7-2　手用铰刀

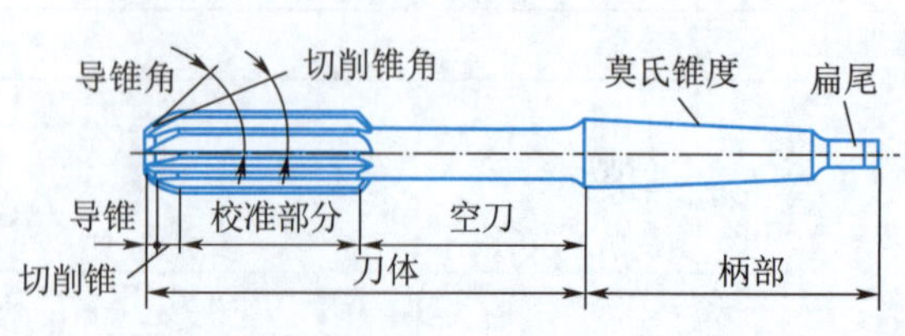

图7-3　机用铰刀

(2)铰刀的种类及应用

铰刀的种类及应用见表7-1。

表 7-1 铰刀的种类及应用

<table>
<tr><th colspan="3">分类</th><th>结构特点与应用</th></tr>
<tr><td rowspan="2">按使用方法</td><td colspan="2">手用铰刀</td><td>柄部为方榫形,以便铰杠套入。其工作部分较长,切削锥角较小</td></tr>
<tr><td colspan="2">机用铰刀</td><td>工作部分较短,切削锥角较大</td></tr>
<tr><td rowspan="2">按结构</td><td colspan="2">整体式圆柱铰刀</td><td>用于铰削标准直径系列的孔</td></tr>
<tr><td colspan="2">可调节手用铰刀</td><td>用于单件生产和修配工作中需要铰削的非标准孔</td></tr>
<tr><td rowspan="6">按外部形状</td><td colspan="2">直槽铰刀</td><td>用于铰削普通孔</td></tr>
<tr><td rowspan="4">锥铰刀</td><td>1∶10 锥铰刀</td><td>用于铰联轴器上与锥销配合的锥孔</td></tr>
<tr><td>莫氏锥铰刀</td><td>用于铰削 0 号~6 号莫氏锥孔</td></tr>
<tr><td>1∶30 锥铰刀</td><td>用于铰削套式刀具上的锥孔</td></tr>
<tr><td>1∶50 锥铰刀</td><td>用于铰削圆锥定位销孔</td></tr>
<tr><td colspan="2">螺旋槽铰刀</td><td>适于铰削有键槽的内孔</td></tr>
<tr><td rowspan="2">按切削部分材料</td><td colspan="2">高速钢铰刀</td><td>用于铰削各种碳钢或合金钢</td></tr>
<tr><td colspan="2">硬质合金铰刀</td><td>用于高速或硬材料铰削</td></tr>
</table>

铰刀的基本类型,如图 7-4 所示。

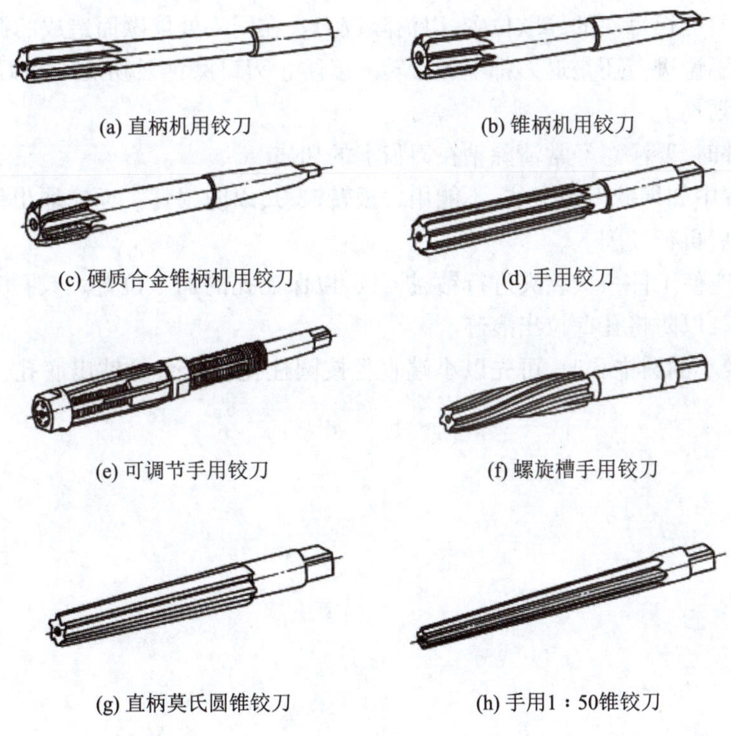

(a) 直柄机用铰刀 (b) 锥柄机用铰刀

(c) 硬质合金锥柄机用铰刀 (d) 手用铰刀

(e) 可调节手用铰刀 (f) 螺旋槽手用铰刀

(g) 直柄莫氏圆锥铰刀 (h) 手用1∶50锥铰刀

图 7-4 铰刀的基本类型

2. 铰削用量

(1)铰削余量 $2a_p$

铰削余量是指上道工序完成后,在直径方向上留下的加工余量,详见表 7-2。

表 7-2　铰削余量

铰孔直径/mm	<5	5~20	21~32	33~50	51~70
铰削余量/mm	0.1~0.2	0.2~0.3	0.3	0.5	0.8

(2)机铰切削速度和进给量

机铰切削速度和进给量见表 7-3。

表 7-3　机铰切削速度和进给量

工件材料	切削速度 v/(m/min)	进给量 f/(mm/r)
钢	4~8	0.4~0.8
铸铁	6~10	0.5~1
铜或铝	8~12	1~1.2

3. 铰孔的操作要点

①工件要夹正,两手用力要均衡,铰刀不得摇摆,按顺时针方向扳动铰杠进行铰削,避免在孔口处出现喇叭口或将孔径扩大。

②手铰时,要变换每次的停歇位置,以消除铰刀常在同一处停歇而造成的振痕。

③铰孔时,不论进刀还是退刀都不能反转。以防止刃口磨钝及切屑卡在刀齿后刀面与孔壁之间,将孔壁划伤。

④铰削钢件时,要注意经常清除粘在刀齿上的切屑。

⑤铰削过程中如果铰刀被卡住,不能用力扳转铰刀,以防损坏。而应取出铰刀,待清除切屑,加注切削液后再行铰削。

⑥机铰时,应使工件一次装夹进行钻、扩、铰,以保证孔的加工位置。铰孔完成后,要待铰刀退出后再停车,以防将孔壁拉出痕迹。

⑦铰尺寸较小的圆锥孔时,可先以小端直径按圆柱孔精铰余量钻出底孔,然后用锥铰刀铰削。

项目　铰孔训练

项目：铰孔训练		任务书
姓名：	班级：	日期：

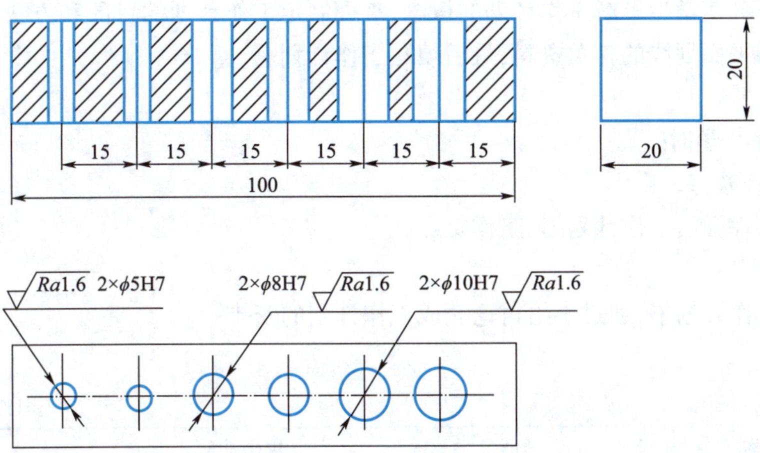

15 15 15 15 15 15
100
20
20
Ra1.6 2×φ5H7
2×φ8H7 Ra1.6
2×φ10H7 Ra1.6

学习目标

1. 掌握手铰和机铰的方法。
2. 掌握铰孔的安全操作事项。
3. 掌握铰削余量的选择。
4. 能正确使用游标卡尺、内径千分尺等量具对零件进行检测，并准确记录测试结果。
5. 能按加工工艺步骤对零件进行划线。并用专业术语进行交流。
6. 根据现场管理规范要求，清理场地，归置物品并按环保要求处理废弃物。

学习任务描述

在100 mm×20 mm×20 mm的板料上铰出零件图纸要求的图形。

教师以此作为教学任务，提供工作图样，通过学生分组讨论，制定最简便的工艺制作流程，并在规定时间内保质保量完成任务。

任务1　工作计划制定

项目:铰孔训练		任务1:工作计划制定
姓名:	班级:	日期:

1. 学习目标

通过本任务使学生了解工作计划的概念,掌握制定工作计划的目的和方法。并以小组为单位分别查阅平面划线的相关资料,最后填写工作计划书。

2. 学习安排

建议学时:2学时。

学习地点:教室。

学习准备:图纸、工作计划书、工作页。

3. 学习过程

请阅读工作计划书,通过小组讨论完成工作计划的安排。

工作计划书

日期:　　年　月　日

项目名称	铰孔训练		
工作目标			
执行措施			
执行步骤			
材料牌号		所需工、量具	
接受任务时间	年　月　日	完成任务时间	年　月　日
预计完成数量		实际完成数量	
计划制定人		计划承办人	

小提示:执行措施主要是指为达到既定的目标而采取的手段、动员的力量、创造的条件以及需要排除的困难等方面。

引导问题1:简述铰孔方法及注意事项。

____

____

____

____

____

____

____

引导问题2：简述铰削余量的选择方法及注意事项。

引导问题3：分析孔壁粗糙、位置偏移，孔歪斜等质量问题的原因及解决办法。

学习要点记录

任务2　铰孔训练操作过程

项目:铰孔训练		任务2:铰孔训练操作过程
姓名:	班级:	日期:

1. 学习目标

按照工件图样独立完成划线及铰孔训练工作,在此过程中进一步强化钻、扩、铰的使用方法。

2. 学习安排

建议学时:4学时。

学习地点:实训室。

学习准备:图纸、工作计划书、工作页。

3. 学习过程

依据铰孔训练的机械加工过程卡片,独立完成工作。

机械加工过程卡				零件名称	铰孔训练	
				材料牌号	Q235	
				毛坯尺寸	100 mm×20 mm×20 mm	
序号	工序名称	工序内容	工序简图	工艺装备	辅具	设备
1	钳	识图及准备	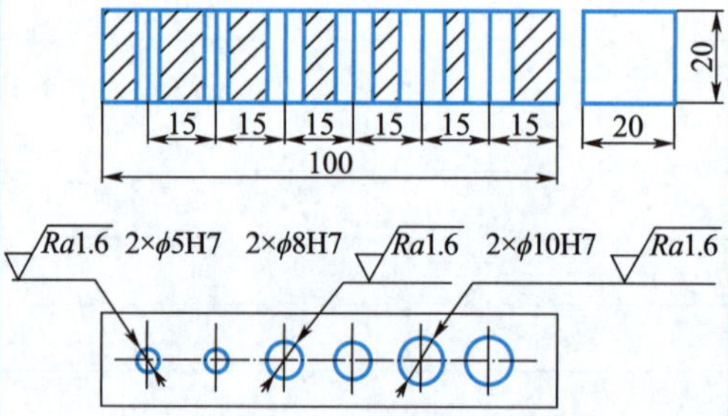 15　15　15　15　15　15　20　20　100 Ra1.6 2×ϕ5H7　2×ϕ8H7　Ra1.6 2×ϕ10H7　Ra1.6	台钻、钻头、高度游标卡尺、游标卡尺、平板等	涂料	
2	钳	划出不同孔的中心线,冲中心点并用划规划圆	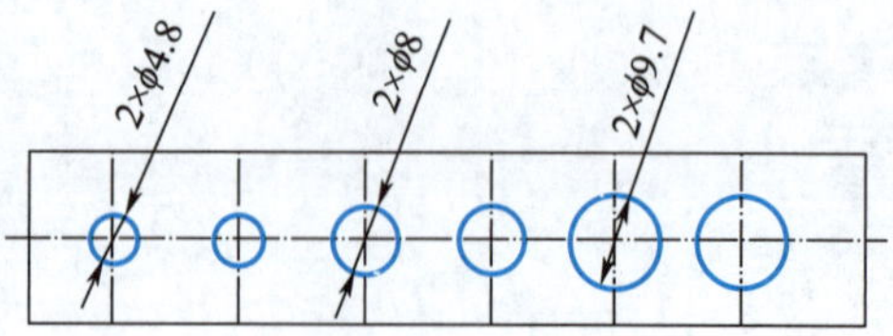 2×ϕ4.8　2×ϕ8　2×ϕ9.7	高度游标卡尺、平板、样冲、划规等		

续上表

机械加工过程卡				零件名称	铰孔训练	
				材料牌号	Q235	
				毛坯尺寸	100 mm×20 mm×20 mm	
序号	工序名称	工序内容	工序简图	工艺装备	辅具	设备
3	钳	钻、铰 2×ϕ5H7 孔	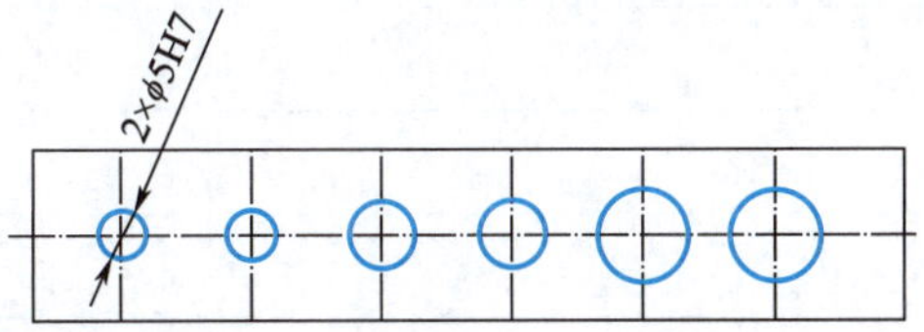 2×ϕ5H7	台钻、钻头、铰刀、平口钳等		
4	钳	钻、铰 2×ϕ8H7 孔	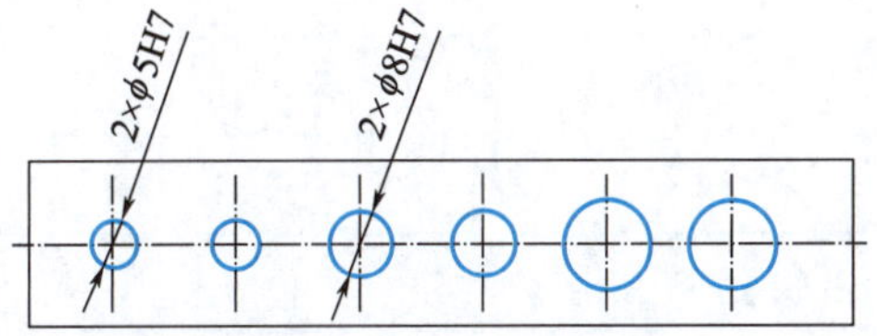 2×ϕ5H7 2×ϕ8H7	台钻、钻头、铰刀、平口钳等		
5	钳	钻、铰 2×ϕ10H7 孔	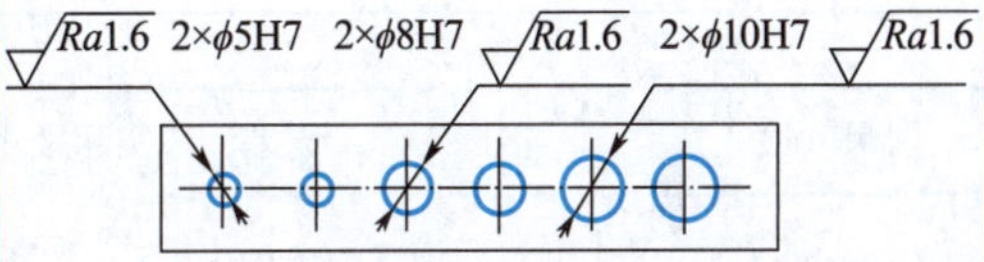 Ra1.6 2×ϕ5H7 2×ϕ8H7 Ra1.6 2×ϕ10H7 Ra1.6	台钻、钻头、铰刀、平口钳等		
6	钳	检查	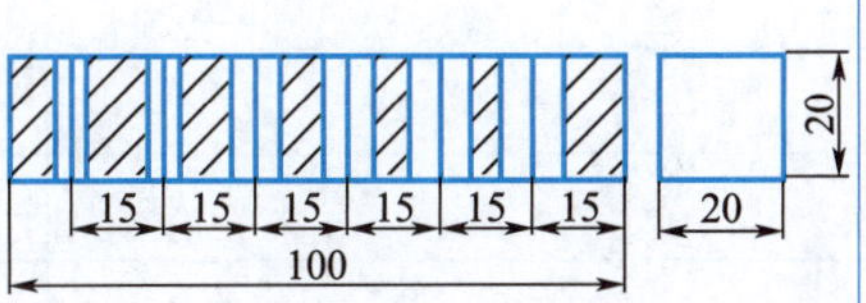 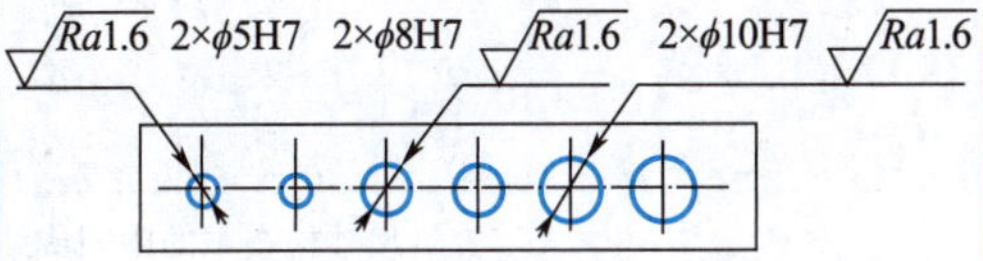 20 15 15 15 15 15 15 100 20 Ra1.6 2×ϕ5H7 2×ϕ8H7 Ra1.6 2×ϕ10H7 Ra1.6	游标卡尺、塞规等		
更改内容						
编制	校对		批准		审核	

任务 3　检验与评估

项目:铰孔训练		任务 3:检验与评估
姓名:	班级:	日期:

序号	位置编号	目视检查	评价 10~0 分		
1					
2					
3					
4					
5					
6					
7					
8					
		目视检查中的中间成绩			
		检查人签名			

序号	位置编号	尺寸检查	误差	实际尺寸	评价 10~0 分		
1							
2							
3							
4							
5							
6							
7							
8							
				尺寸检查中的中间成绩			
				检查人签名			

任务4　工作总结与作品展示

项目:铰孔训练		任务4:工作总结与作品展示
姓名:	班级:	日期:

1. 学习目标

通过作品展示这一环节,给学生提供一个自我展示的平台,以小组为单位派出代表介绍自己组的优秀作品。在此过程中培养学生们的语言沟通能力,并在和其他同学的交流中认识到自身所存在的差距,从而取长补短,最终达到提高学习积极性的目的。

2. 学习安排

建议学时:1学时。

学习地点:教室。

3. 学习过程

引导问题1:你通过铰孔训练学到了什么?

____

____

____

____

引导问题2:你铰孔训练的零件存在哪些质量缺陷?是由什么原因导致的?

下次如果遇到类似问题该如何避免?

____

____

____

____

____

____

____

____

____

____

____

____

____

学习领域 8

攻螺纹

理论知识

一、攻螺纹

用丝锥在孔中切削出内螺纹的加工方法，称为攻螺纹，如图 8-1 所示。

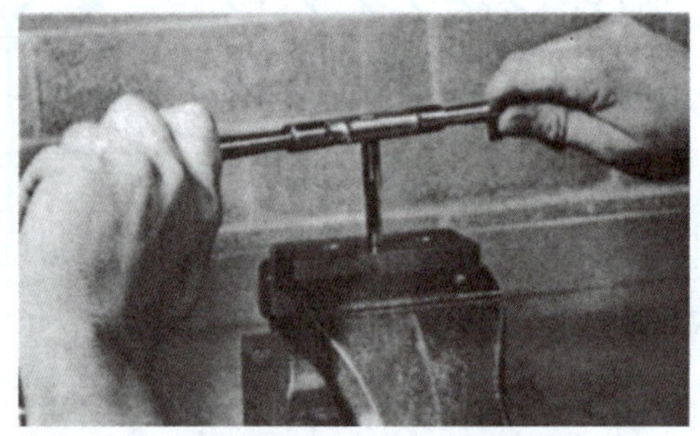

图 8-1　攻螺纹

1. 攻螺纹用的工具

(1) 丝锥

丝锥分类如图 8-2 所示。

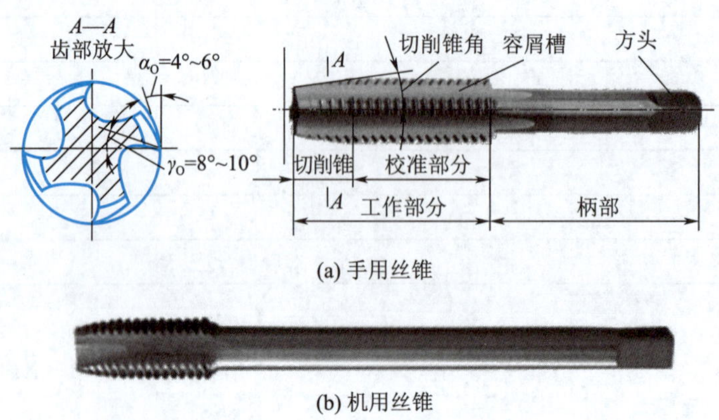

(a) 手用丝锥

(b) 机用丝锥

图 8-2　丝锥分类

丝锥由柄部和工作部分组成。柄部起夹持和传动作用。在工作部分上沿轴向开有几条容屑槽，以形成锋利的切削刃，前段为切削锥，起切削和引导作用；后段为校准部分，有完整的牙型，用来修光和校准已切出的螺纹，并引导丝锥沿轴向前进。为了减小牙侧的摩擦，在校准部分的直径上略有倒锥。丝锥有锥形和柱形两种，如图 8-3 所示。

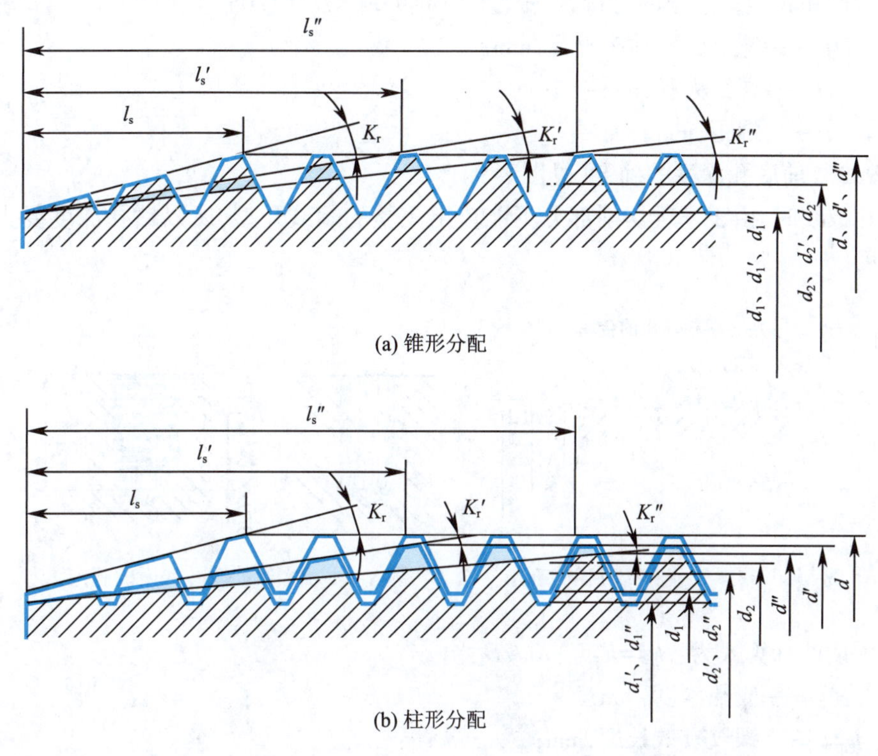

(a) 锥形分配

(b) 柱形分配

图 8-3　丝锥结构

(2) 铰杠

铰杠是手工攻螺纹时用来夹持丝锥的工具，常见的铰杠如图 8-4~图 8-7 所示。

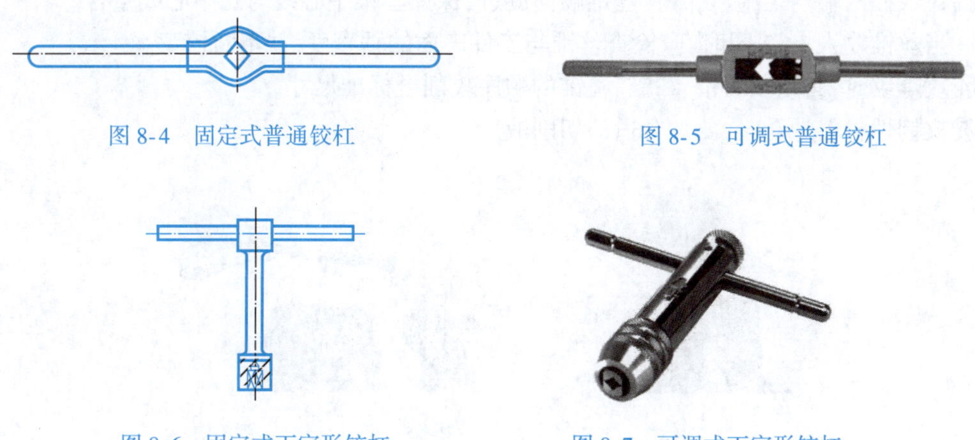

图 8-4　固定式普通铰杠

图 8-5　可调式普通铰杠

图 8-6　固定式丁字形铰杠

图 8-7　可调式丁字形铰杠

2. 攻螺纹前底孔直径与孔深的确定

(1)攻螺纹前底孔直径的确定(见图8-8)

加工普通螺纹底孔的钻头直径计算公式如下:

对钢和其他塑性大的材料,扩张量中等时:$D_{孔}=D-P$

对铸铁件和其他塑性小的材料,扩张量较小时:$D_{孔}=D-(1.05\sim1.1)P$

式中 $D_{孔}$——螺纹底孔钻头直径,mm;

D——螺纹大径,mm;

P——螺距,mm。

(2)攻螺纹前底孔深度的确定(见图8-9)

攻盲孔螺纹时,由于丝锥切削部分不能攻出完整的螺纹牙型,所以钻孔深度要大于螺纹的有效长度。

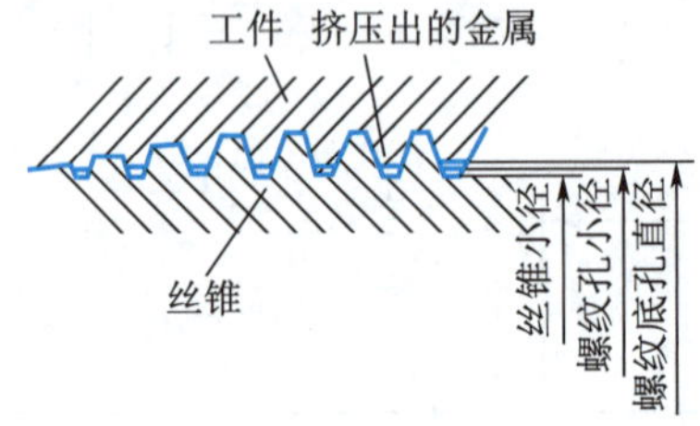

图8-8 攻螺纹前底孔直径的确定

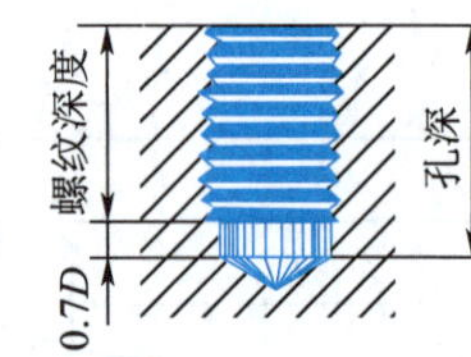

图8-9 攻螺纹前底孔深度的确定

钻孔深度的计算式为:$H_{深}=h_{有效}+0.7D$

式中 $H_{深}$——底孔深度,mm;

$h_{有效}$——螺纹有效长度,mm;

D——螺纹大径,mm。

3. 攻螺纹的操作要点(见图8-10)

①按确定的攻螺纹的底孔直径和深度钻底孔,并将孔口倒角,便于丝锥顺利切入。

②起攻时,可一手用手掌按住铰杠中部沿丝锥轴线用力加压,另一手配合作顺向旋进;或两手握住铰杠两端均匀施压,并将丝锥顺向旋进,保证丝锥中心线与孔中心线重合。

③当丝锥攻入1~2圈时,应检查丝锥与工件表面的垂直度,并不断校正。

④攻螺纹时,必须以头锥、二锥、精锥的顺序攻削至标准尺寸。

⑤攻韧性材料螺孔时,要加合适的切削液。

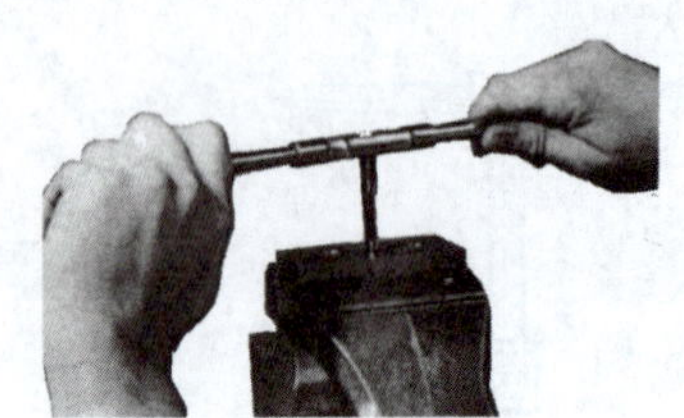

图8-10 攻螺纹操作要点

项目　攻螺纹训练

<table>
<tr><td colspan="3">项目:攻螺纹训练</td><td colspan="2">任务书</td></tr>
<tr><td>姓名:</td><td colspan="2">班级:</td><td colspan="2">日期:</td></tr>
<tr><td colspan="5">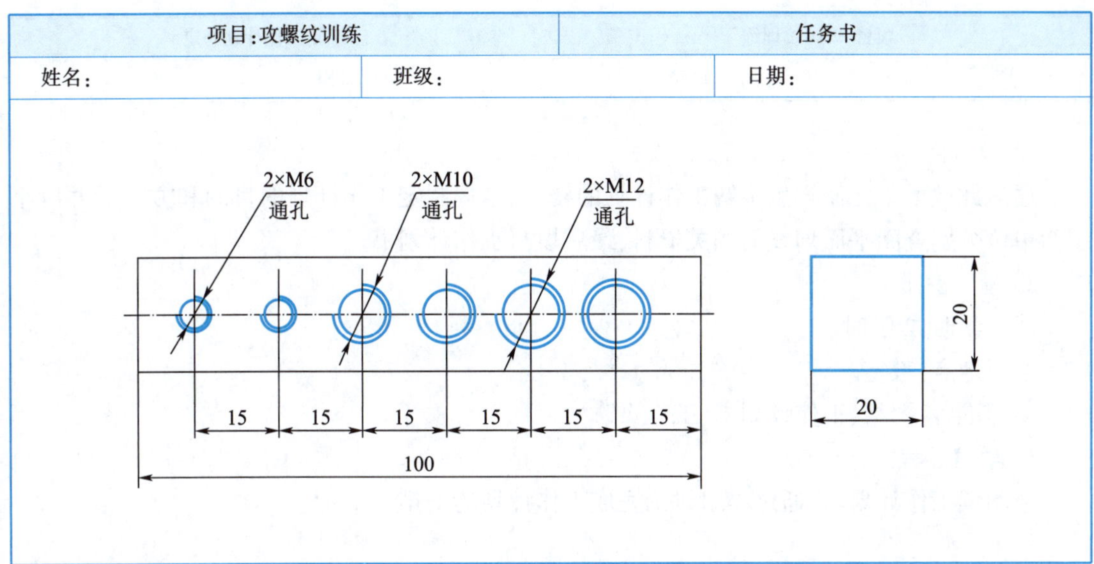
</td></tr>
</table>

学习目标

1. 掌握攻螺纹的方法。
2. 掌握攻螺纹的安全操作事项。
3. 掌握攻螺纹底孔余量的选择。
4. 能正确使用游标卡尺、螺纹塞规等量具对零件进行检测,并准确记录测试结果。
5. 能按加工工艺步骤对零件进行划线,并用专业术语进行交流。
6. 根据现场管理规范要求,清理场地,归置物品并按环保要求处理废弃物。

项目描述

在 100 mm×20 mm×20 mm 的板料上进行攻螺纹训练,加工出零件图纸要求的图形。

教师以此作为教学任务,提供工作图样,通过学生分组讨论,制定最简便的工艺制作流程,并在规定时间内保质保量完成任务。

任务 1　工作计划制定

项目:攻螺纹训练		任务 1:工作计划制定
姓名:	班级:	日期:

1. 学习目标

通过此教学单元使学生了解工作计划的概念,掌握制定工作计划的目的和方法。并以小组为单位分别查阅平面划线的相关资料,最后填写工作计划书。

2. 学习安排

建议学时:2 学时。

学习地点:教室。

学习准备:图纸、工作计划书、工作页。

3. 学习过程

请阅读工作计划书,通过小组讨论完成工作计划的安排。

工作计划书

日期:　　年　月　日

项目名称	攻螺纹训练		
工作目标			
执行措施			
执行步骤			
材料牌号		所需工、量具	
接受任务时间	年　月　日	完成任务时间	年　月　日
预计完成数量		实际完成数量	
计划制定人		计划承办人	

小提示:执行措施主要是指为达到既定的目标而采取的手段、动员的力量、创造的条件以及需要排除的困难等方面。

引导问题 1:简述攻螺纹的方法及注意事项。

____

____

____

____

引导问题2：简述攻螺纹训练底孔余量的选择方法。

引导问题3：分析烂牙、滑牙、螺纹歪斜、螺纹太浅等质量问题的原因及解决办法。

学习要点记录

任务2　攻螺纹训练操作过程

项目:攻螺纹训练		任务2:攻螺纹训练操作过程
姓名:	班级:	日期:

1. 学习目标

按照工件图样独立完成攻螺纹训练工作,在此过程中进一步强化钻、扩、攻螺纹的使用方法。

2. 学习安排

建议学时:4学时。

学习地点:实训室。

学习准备:图纸、工作计划书、工作页。

3. 学习过程

依据攻螺纹训练的机械加工过程卡片,独立完成工作。

机械加工过程卡				零件名称	攻螺纹训练	
				材料牌号	Q235	
				毛坯尺寸	100×20×20	
序号	工序名称	工序内容	工序简图	工艺装备	辅具	设备
1	钳	识图及准备	2×M6 通孔; 2×M10 通孔; 2×M12 通孔; 15, 15, 15, 15, 15, 15; 100; 20; 20	台钻、钻头、高度游标卡尺、游标卡尺、平板等	涂料	
2	钳	划出不同螺纹孔的中心线,冲中心点并用划规划圆	2×M6 通孔; 2×M10 通孔; 2×M12 通孔; 15, 15, 15, 15, 15, 15; 100	高度游标卡尺、平板、样冲、划规等		
3	钳	钻2×M6的底孔2×ϕ5孔	2×ϕ5	台钻、钻头、平口钳等		

续上表

<table>
<tr><td colspan="4" rowspan="3">机械加工过程卡</td><td>零件名称</td><td colspan="2">攻螺纹训练</td></tr>
<tr><td>材料牌号</td><td colspan="2">Q235</td></tr>
<tr><td>毛坯尺寸</td><td colspan="2">100×20×20</td></tr>
<tr><td>序号</td><td>工序名称</td><td>工序内容</td><td>工序简图</td><td>工艺装备</td><td>辅具</td><td>设备</td></tr>
<tr><td>4</td><td>钳</td><td>钻 2×M10 的底孔 2×ϕ8.5孔</td><td>2×ϕ5
2×ϕ8.5</td><td>台钻、钻头、平口钳等</td><td></td><td></td></tr>
<tr><td>5</td><td>钳</td><td>钻 2×M12 的底孔 2×ϕ10.2孔</td><td>2×ϕ5
2×ϕ8.5
2×ϕ10.2</td><td>台钻、钻头、平口钳等</td><td></td><td></td></tr>
<tr><td>6</td><td>钳</td><td>攻2×M6、2×M10、2×M12螺纹</td><td> 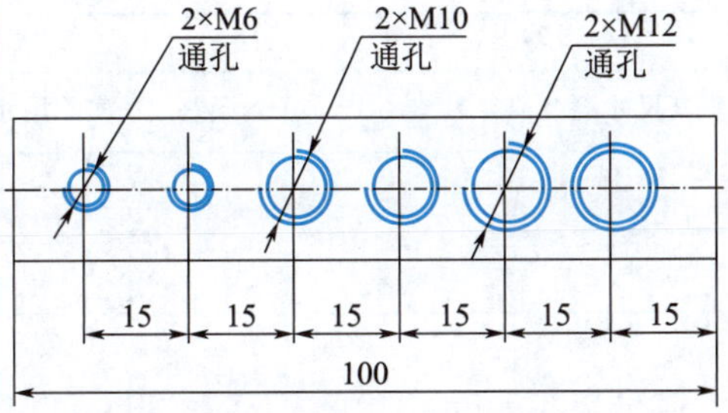2×M6 通孔
2×M10 通孔
2×M12 通孔
15 15 15 15 15 15
100</td><td>丝锥、铰杠、平口钳等</td><td></td><td></td></tr>
<tr><td>7</td><td>钳</td><td>检查</td><td> 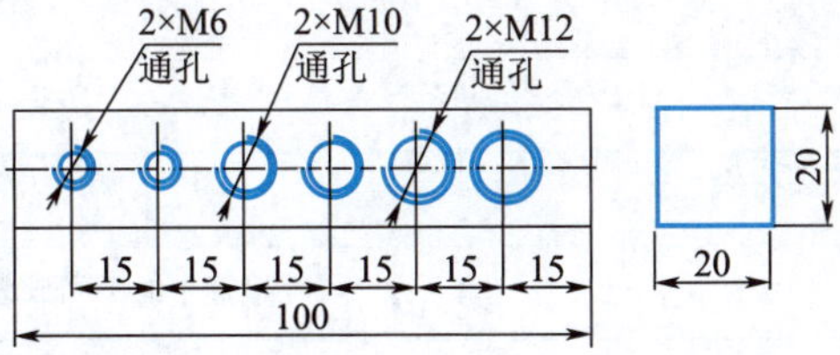2×M6 通孔
2×M10 通孔
2×M12 通孔
15 15 15 15 15 15
100
20
20</td><td>游标卡尺、螺纹塞规等</td><td></td><td></td></tr>
<tr><td>更改内容</td><td colspan="6"></td></tr>
<tr><td>编制</td><td>校对</td><td></td><td>批准</td><td></td><td>审核</td><td></td></tr>
</table>

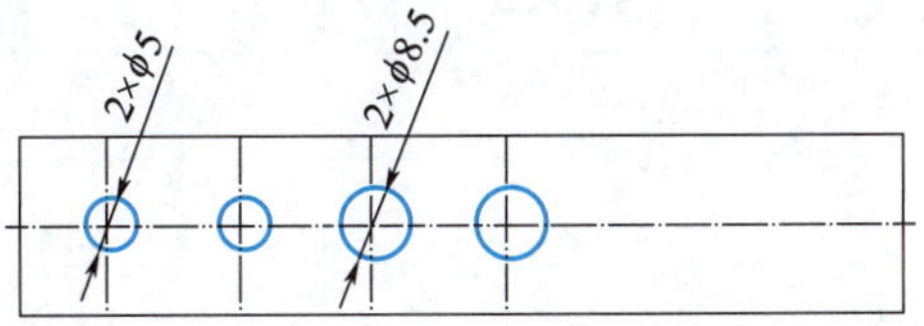

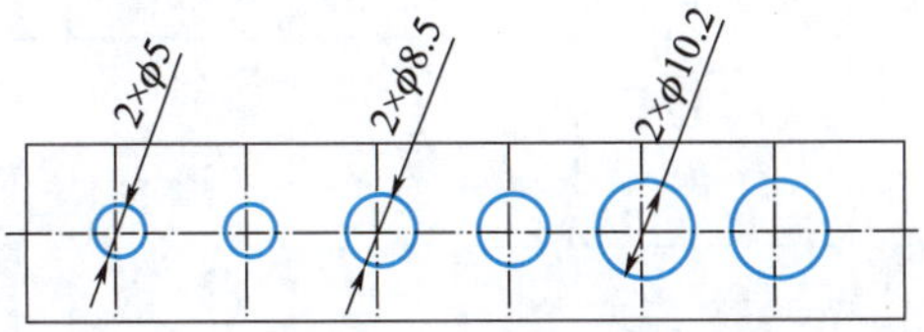

任务 3　检验与评估

项目:攻螺纹训练		任务 3:检验与评估
姓名:	班级:	日期:

序号	位置编号	目视检查	评价 10~0 分		
1					
2					
3					
4					
5					
6					
7					
8					
		目视检查中的中间成绩			
		检查人签名			

序号	位置编号	尺寸检查	误差	实际尺寸	评价 10~0 分		
1							
2							
3							
4							
5							
6							
7							
8							
				尺寸检查中的中间成绩			
				检查人签名			

任务4 工作总结与作品展示

项目:攻螺纹训练		任务4:工作总结与作品展示
姓名:	班级:	日期:

1. 学习目标

通过作品展示这一环节,给学生提供一个自我展示的平台,以小组为单位派出代表介绍自己组的优秀作品。在此过程中培养学生们的语言沟通能力,并在和其他同学的交流中认识到自身所存在的差距,从而取长补短,最终达到提高学习积极性的目的。

2. 学习安排

建议学时:1学时。

学习地点:教室。

3. 学习过程

引导问题1:你通过攻螺纹训练学到了什么?

____

____

____

____

引导问题2:你攻螺纹零件存在哪些质量缺陷?是由什么原因导致的?下次如果遇到类似问题该如何避免?

____

____

____

____

____

____

____

____

____

____

学习领域9

套螺纹

理论知识

一、套螺纹

用板牙在圆杆或管子上切削出外螺纹的加工方法,称为套螺纹,如图 9-1 所示。

1. 套螺纹用的工具

①圆板牙,如图 9-2 所示。

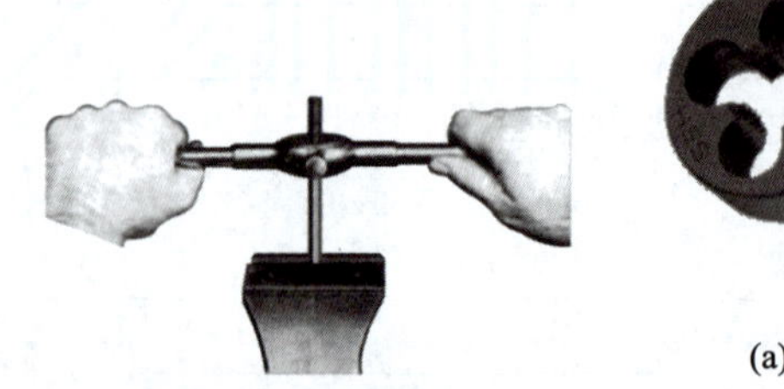

图 9-1 套螺纹

(a) 整体式

(b) 可调式

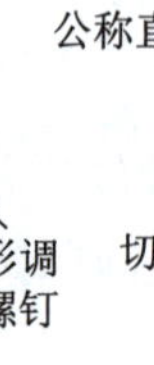

(c) 工作部分结构

图 9-2 圆板牙

②圆板牙架,圆板牙架是装夹圆板牙的工具,如图 9-3 所示。

2. 套螺纹前圆杆直径的确定

套螺纹时,金属材料因受板牙的挤压而产生变形,牙顶将被挤的高一些,所以套螺纹前圆杆直径应稍小于螺纹大径。圆杆直径的计算公式为:$d_{杆}=d-0.13P$

式中 $d_{杆}$——套螺纹前圆杆直径,mm;

d——螺纹大径,mm;

P——螺距,mm。

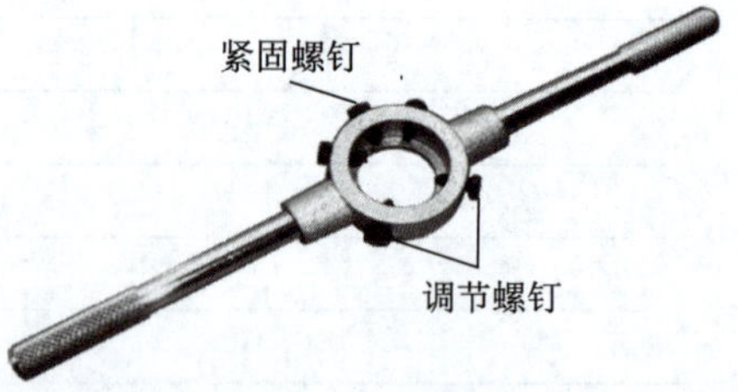

图 9-3 圆板牙架

3. 套螺纹的操作要点

①套螺纹前应将圆杆端部倒成锥半角为 15°~20°的锥体,锥体的最小直径要比螺纹小径更小。

②为了使圆板牙切入工件,要在转动圆板牙时施加轴向压力,待圆板牙切入工件后不再施压。

③切入 1~2 圈时,要注意检查圆板牙的端面与圆杆轴线的垂直度。

④套螺纹过程中,圆板牙要时常倒转一下进行断屑,并合理选用切削液。

项目　套螺纹训练

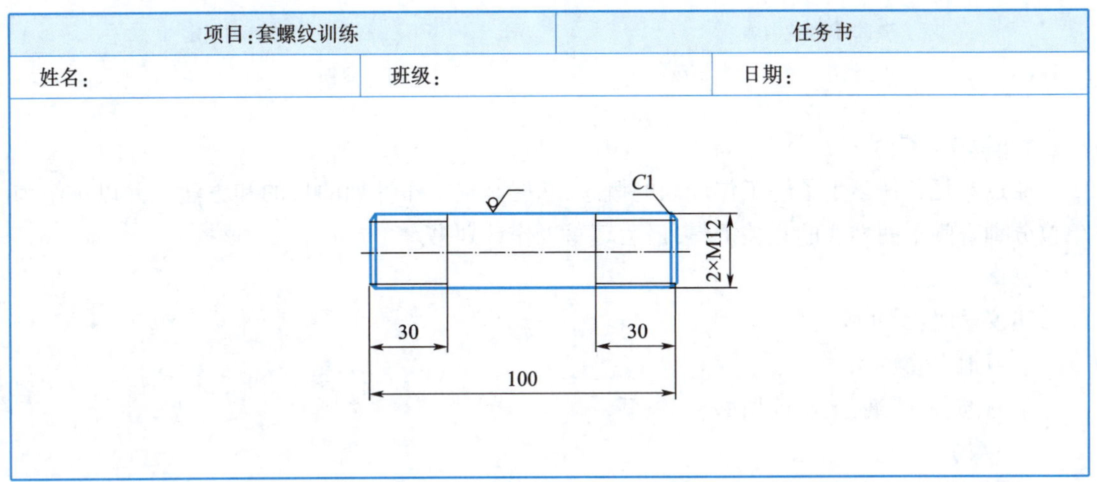

项目:套螺纹训练		任务书
姓名:	班级:	日期:

学习目标

1. 掌握套螺纹的方法。
2. 掌握套螺纹的安全操作事项。
3. 掌握套螺纹底径余量的选择。
4. 能正确使用游标卡尺、螺纹环规等量具对零件进行检测,并准确记录测试结果。
5. 能按加工工艺步骤对零件进行划线。并用专业术语进行交流。
6. 根据现场管理规范要求,清理场地,归置物品并按环保要求处理废弃物。

项目描述

在 ϕ12 mm×100 mm 的棒料上进行套螺纹训练,加工出零件图纸要求的图形。

教师以此作为教学任务,提供工作图样,通过学生分组讨论,制定最简便的工艺制作流程,并在规定时间内保质保量完成任务。

任务1　工作计划制定

项目:套螺纹训练		任务1:工作计划制定
姓名:	班级:	日期:

1. 学习目标

通过本任务使学生了解工作计划的概念,掌握制定工作计划的目的和方法。并以小组为单位分别查阅平面划线的相关资料,最后填写工作计划书。

2. 学习安排

建议学时:2学时。

学习地点:教室。

学习准备:图纸、工作计划书、工作页。

3. 学习过程

请阅读工作计划书,通过小组讨论完成工作计划的安排。

工作计划书

日期:　　年　月　日

项目名称	套螺纹训练		
工作目标			
执行措施			
执行步骤			
材料牌号		所需工、量具	
接受任务时间	年　月　日	完成任务时间	年　月　日
预计完成数量		实际完成数量	
计划制定人		计划承办人	

小提示:执行措施主要是指为达到既定的目标而采取的手段、动员的力量、创造的条件以及需要排除的困难等方面。

引导问题1:简述套螺纹的方法及注意事项。

引导问题2：简述套螺纹训练底径的选择方法。

引导问题3：分析烂牙、滑牙、螺纹歪斜、螺纹太浅等质量问题的原因及解决办法。

学习要点记录

任务 2　套螺纹训练操作过程

项目:套螺纹训练		任务 2:套螺纹训练操作过程
姓名:	班级:	日期:

1. 学习目标

按照工件图样独立完成攻螺纹训练工作,在此过程中进一步强化套螺纹的使用方法。

2. 学习安排

建议学时:4 学时。

学习地点:实训室。

学习准备:图纸、工作计划书、工作页。

3. 学习过程

依据套螺纹的机械加工过程卡片,独立完成工作。

<table>
<tr><td colspan="4" rowspan="3">机械加工过程卡</td><td>零件名称</td><td colspan="2">套螺纹训练</td></tr>
<tr><td>材料牌号</td><td colspan="2">Q235</td></tr>
<tr><td>毛坯尺寸</td><td colspan="2">ϕ12 mm×100 mm</td></tr>
<tr><td>序号</td><td>工序名称</td><td>工序内容</td><td>工序简图</td><td>工艺装备</td><td>辅具</td><td>设备</td></tr>
<tr><td>1</td><td>钳</td><td>识图及准备</td><td>C1
2×M12
30　30
100</td><td>台钳、M12板牙、板牙架、游标卡尺等</td><td>涂料</td><td></td></tr>
<tr><td>2</td><td>钳</td><td>倒角、打磨两端底径并套出一端螺纹</td><td>C1
2×M12
30
100</td><td>台钳、M12板牙、板牙架、游标卡尺等</td><td></td><td></td></tr>
<tr><td>3</td><td>钳</td><td>套出另一端螺纹</td><td>C1
2×M12
30　30
100</td><td>台钳、M12板牙、板牙架、游标卡尺等</td><td></td><td></td></tr>
</table>

续上表

机械加工过程卡				零件名称	套螺纹训练	
				材料牌号	Q235	
				毛坯尺寸	ϕ12 mm×100 mm	
序号	工序名称	工序内容	工序简图	工艺装备	辅具	设备
4	钳	检查	C1 2×M12 30 30 100	游标卡尺、螺纹塞规等		
更改内容						
编制	校对		批准		审核	

学习要点记录

任务 3　检验与评估

项目:套螺纹训练		任务 3:检验与评估
姓名:	班级:	日期:

序号	位置编号	目视检查	评价 10~0 分
1			
2			
3			
4			
5			
6			
7			
8			
		目视检查中的中间成绩	
		检查人签名	

序号	位置编号	尺寸检查	误差	实际尺寸	评价 10~0 分
1					
2					
3					
4					
5					
6					
7					
8					
				尺寸检查中的中间成绩	
				检查人签名	

任务4　工作总结与作品展示

项目:套螺纹训练		任务4:工作总结与作品展示
姓名:	班级:	日期:

1. 学习目标

通过作品展示这一环节,给学生提供一个自我展示的平台,以小组为单位派出代表介绍自己组的优秀作品。在此过程中培养学生们的语言沟通能力,并在和其他同学的交流中认识到自身所存在的差距,从而取长补短,最终达到提高学习积极性的目的。

2. 学习安排

建议学时:1学时。

学习地点:教室。

3. 学习过程

引导问题1:通过套螺纹训练你学到了什么?

____

____

____

____

引导问题2:套螺纹零件存在哪些质量缺陷?是由什么原因导致的?下次如果遇到类似问题该如何避免?

____

____

____

____

____

____

____

____

____

____

学习领域10

矫正、弯曲和铆接

理论知识

一、矫正的概念

消除金属板材、型材的不平、不直或翘曲等缺陷的操作称为矫正。

手工矫正是在平台、铁砧或台钳等上用手锤等工具进行矫正。它包括采用扭转、弯曲、延展和伸张等方法,使工件恢复到原来的形状。

金属材料的变形有两种情况,一种是在外力作用下,材料发生变形,当外力去除后,仍能恢复原状,这种变形称为弹性变形;另一种是当外力去除后,不能恢复原状,这种变形称为塑性变形。

矫正是对塑性变形而言,所以,只有塑性好的材料,才能进行矫正。而塑性差、脆性大的材料,如铸铁、淬硬钢等就不能矫正,否则工件要断裂。

矫正过程中,材料由于受到锤打,金属组织变得紧密,所以矫正后,金属材料表面硬度增加,性质变脆。这种在冷加工塑性变形过程中产生的材料变硬的现象,叫作冷硬现象(即冷作硬化)。冷硬后的材料给进一步的矫正或其他冷加工带来困难,必要时可进行退火处理,使材料恢复到原来的机械性能。

二、矫正的工具

1. 平板和铁砧

平板和铁砧如图10-1所示。

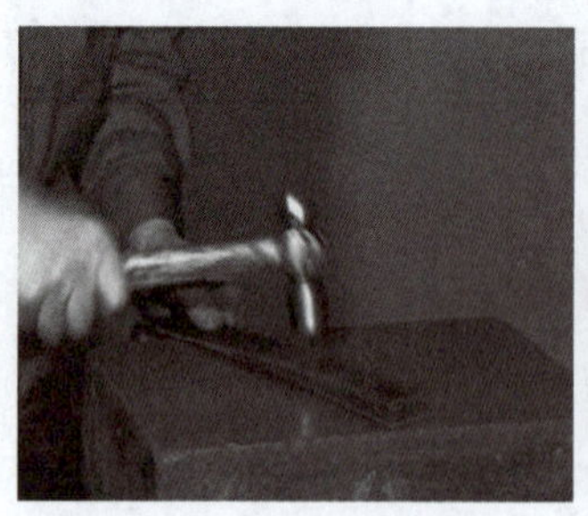

图10-1 平板和铁砧

2. 锤子

常用的锤子有铜锤、木锤和橡皮锤，如图 10-2~图 10-4 所示。

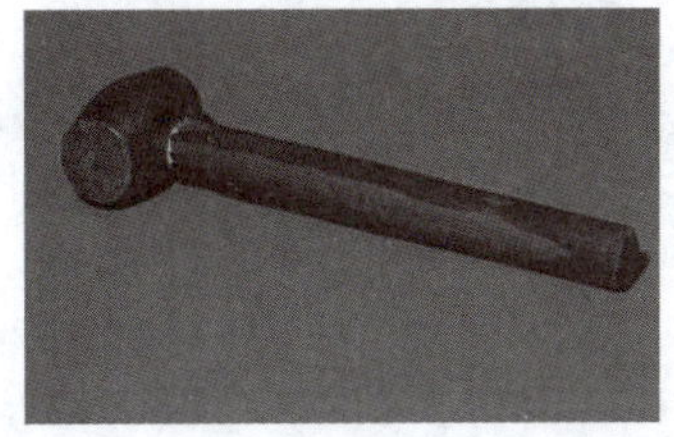

图 10-2　铜锤

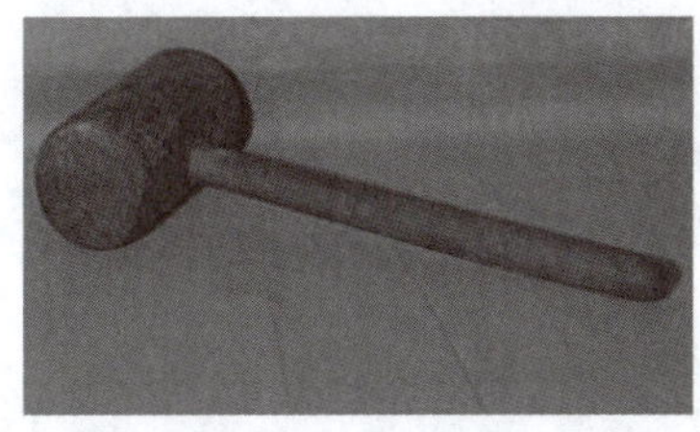

图 10-3　木锤

图 10-4　橡皮锤

3. 抽条和拍板

抽条和拍板如图 10-5 所示。

4. 检验工具

检验工具如图 10-6~图 10-9 所示。

5. 螺旋压力工具

螺旋压力工具如图 10-10 所示。

图 10-5　抽条和拍板

图 10-6　钢直尺

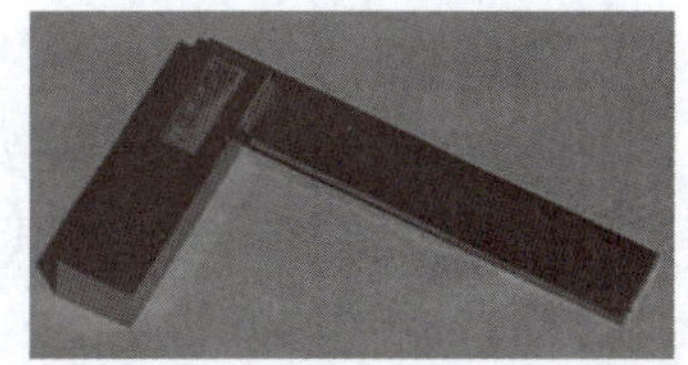

图 10-7　角尺

图 10-8　划线平台

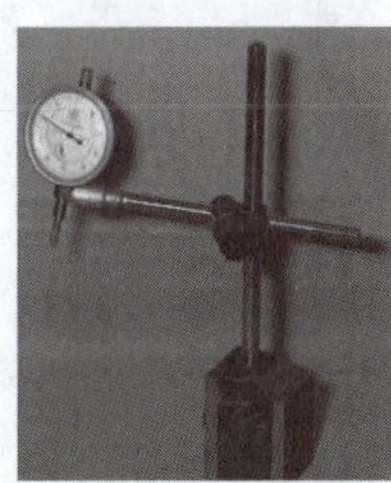

图 10-9　百分表

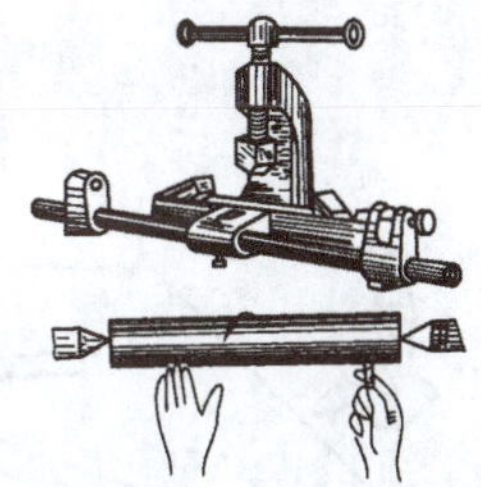

图 10-10　螺旋压力工具

三、矫正方法

1. 条料和角钢的矫正

①条料扭曲变形时，可用扭转的方法进行矫直，如图 10-11 所示。

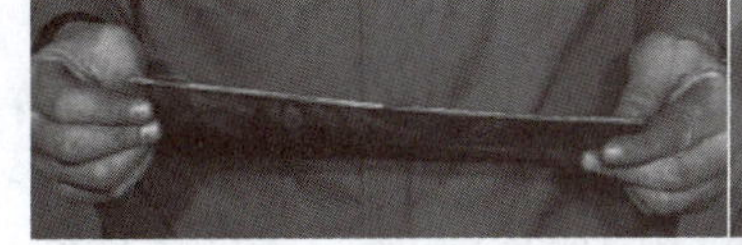

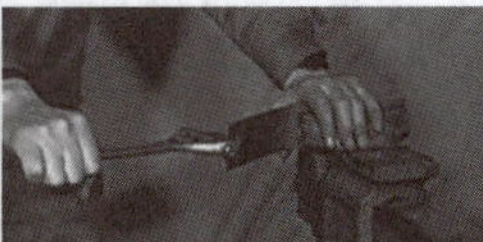
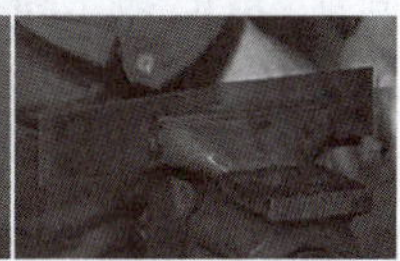

图 10-11　条料和角钢的矫正

②角钢的矫正,如图 10-12~图 10-15 所示。

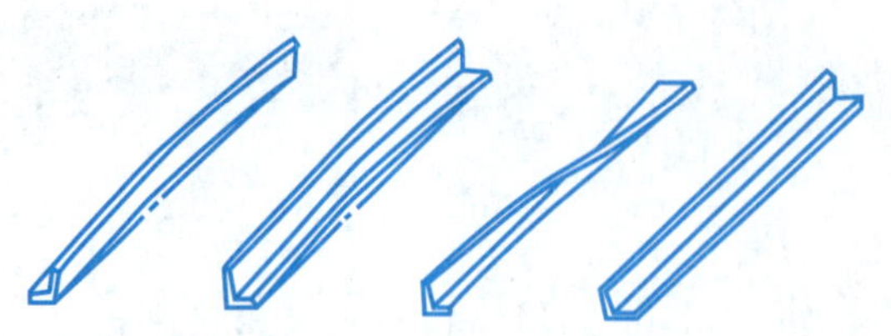

图 10-12　角钢变形有外弯、内弯、扭曲、角变形等多种形式

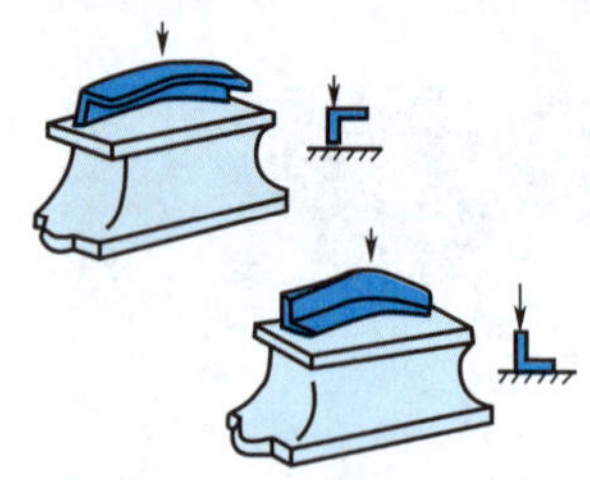

图 10-13　矫直角钢内弯、外弯方法

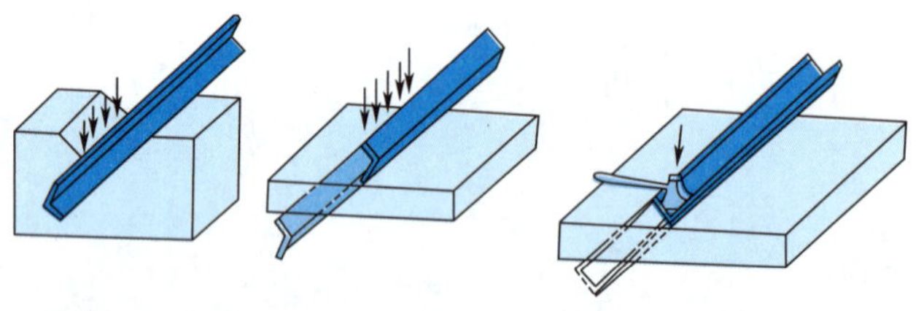

图 10-14　当角钢发生角变形时,可以在 V 形架上或平台上锤击矫正

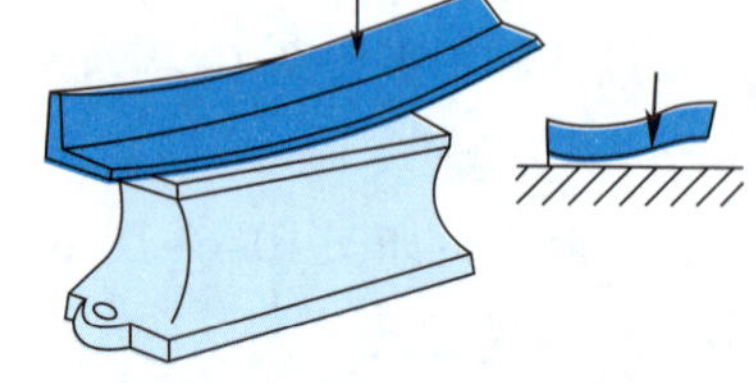

图 10-15　在铁砧上矫直角钢扭曲

2. 棒类、轴类零件的矫直

棒类和轴类零件的变形主要是弯曲。一般是用锤击的方法矫直。对于外形要求较高的棒料,为了避免直接锤击损坏其表面,可用合适的摔锤置于棒料凸处,然后锤击摔锤的顶部,使其矫直,如图 10-16 所示。

直径较大的棒类、轴类零件的矫直,先把轴装在顶尖上,找出弯曲部位,然后放在 V 形架上,用螺旋压力工具校直,如图 10-17 所示。

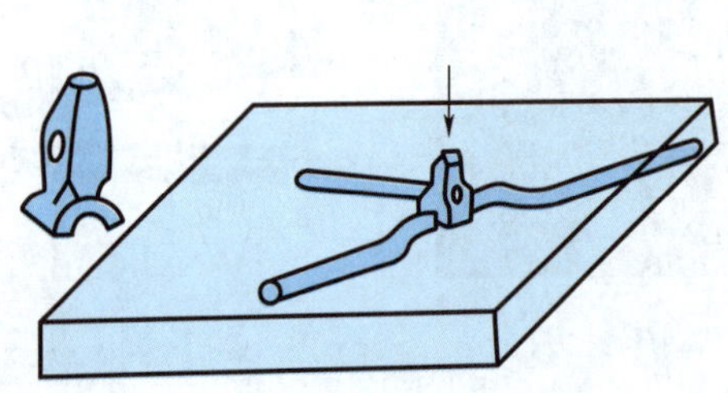

图 10-16　使用锤击摔锤的方法矫直棒类和轴类零件

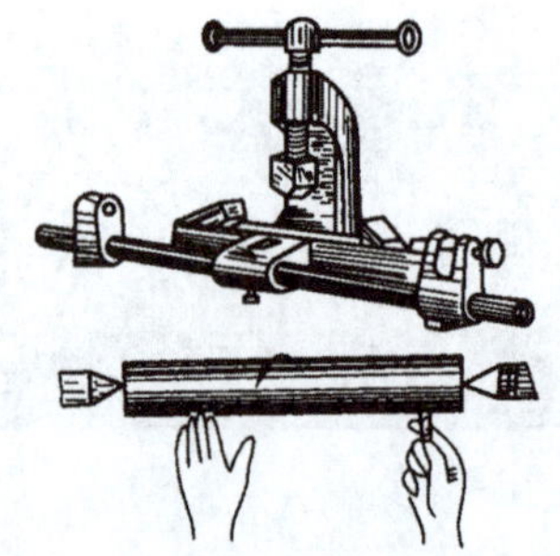

图 10-17　使用螺旋压力机矫直直径较大的棒类、轴类零件

卷曲的细长线料,可用伸张法来矫直。将卷曲的线料一端夹在台虎钳上,从钳口处的一端开始,把线在圆木上绕一圈,握住圆木向后拉,使线材伸张而矫直。

3. 板料的矫平

板料中间凸起,是由于变形后中间材料变薄引起的。如果再加以锤击,材料则更薄,凸起现象更严重;校正时必须锤击板料边缘,由里向外逐渐由轻到重,由稀到密。使凸起部位逐渐消除,最后达到平整要求,如图 10-18 所示。

如果薄板有微小扭曲时，可用抽条从左到右按顺序，抽打平面，因抽条与板料接触面积较大，受力均匀，故容易达到平整，如图 10-19 所示。

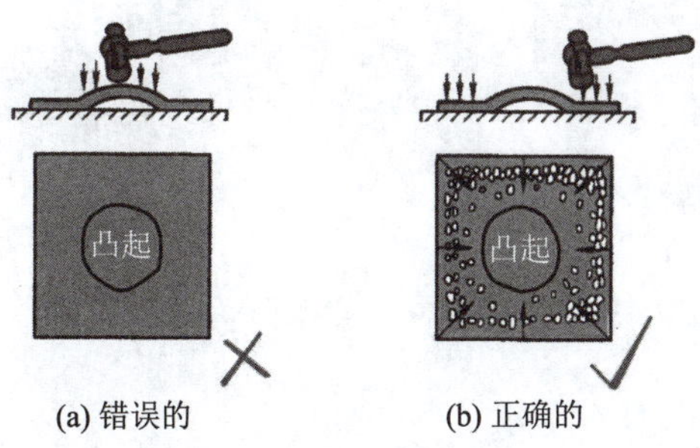

(a) 错误的　(b) 正确的

图 10-18　板料的矫正方法

图 10-19　板料微小扭曲的矫正方法

如果板料四周呈波浪形而中间平整，矫平时应由四周向中间锤打，密度逐渐变密，力量逐渐增大，经过反复多次锤打，使板料达到平整，如图 10-20 所示。

若为厚度很薄而性质很软的铜箔一类的材料，可用平整的木块，在平板上推压材料的表面，使其达到平整。有些装饰面板之类的铜、铝制品，不允许有锤击印痕时，可用木锤或橡皮锤锤击，如图 10-21 所示。

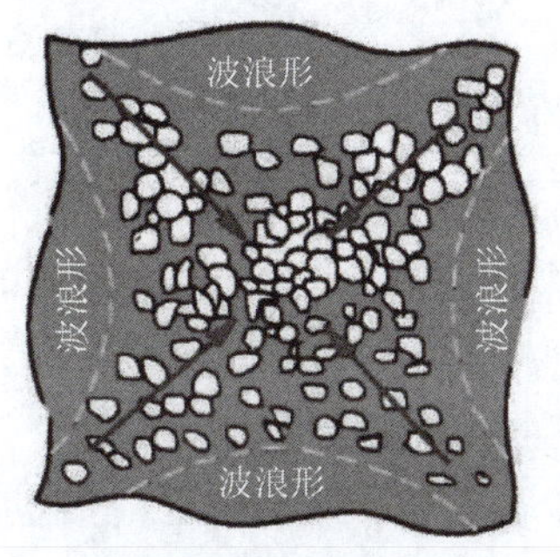

图 10-20　四周波浪形扭曲板料的矫正方法

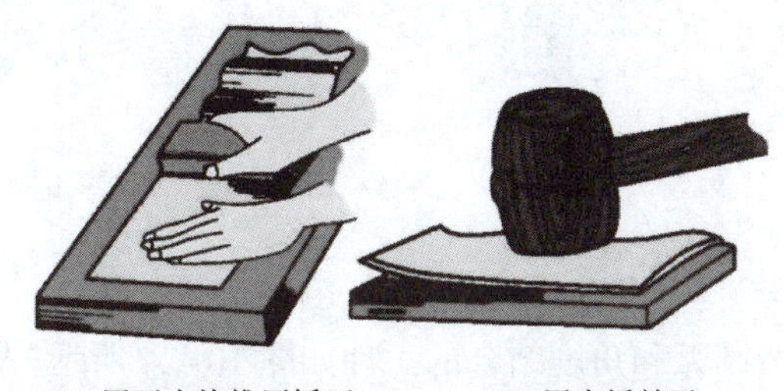
(a) 用平木块推压矫正　(b) 用木锤敲平

图 10-21　铜箔类板料的修正方法

四、弯曲的概念

将原来平直的板材或型材弯成所要求的曲线形状或角度的操作叫弯曲。

弯曲工作是使材料产生塑性变形，因此只有塑性好的材料才能进行弯曲。材料弯曲部分的断面，虽然由于发生拉伸和压缩，但其断面面积保持不变。工件的弯曲有冷弯和热弯两种。

五、弯曲的一般方法

1. 板料的弯曲

(1)弯直角工件

弯直角工件的方法如图 10-22 所示(A、B、C 为弯曲位置)。

(2)弯圆弧形工件

弯圆弧形工件的方法如图 10-23 所示。

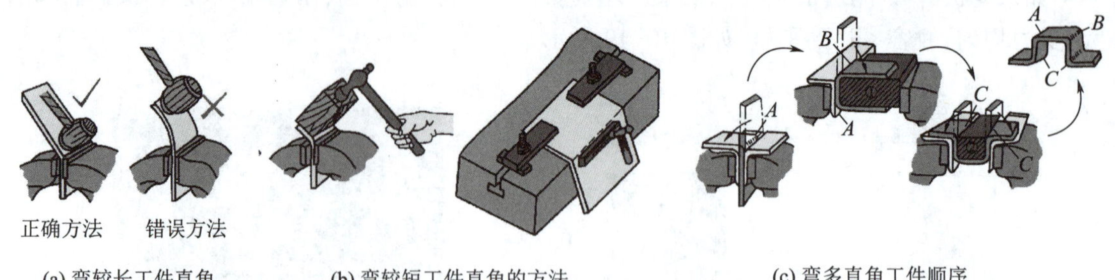

(a) 弯较长工件直角　(b) 弯较短工件直角的方法　(c) 弯多直角工件顺序

图 10-22　弯直角工件

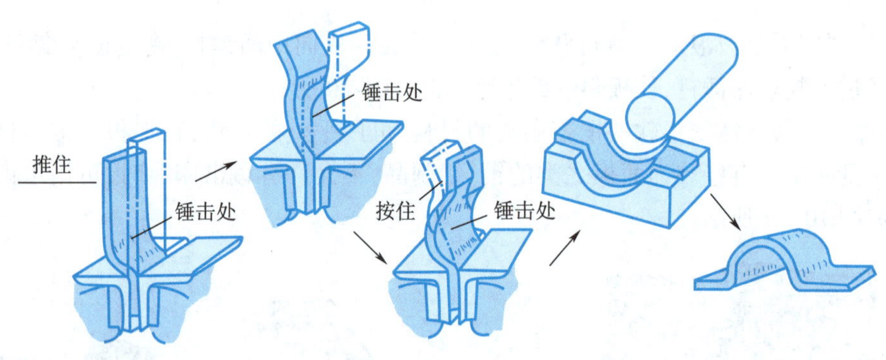

图 10-23　弯圆弧形工件

(3)弯圆弧和角度结合的工件

弯圆弧和角度结合的工件如图 10-24 所示(A、B、C 为弯曲位置)。

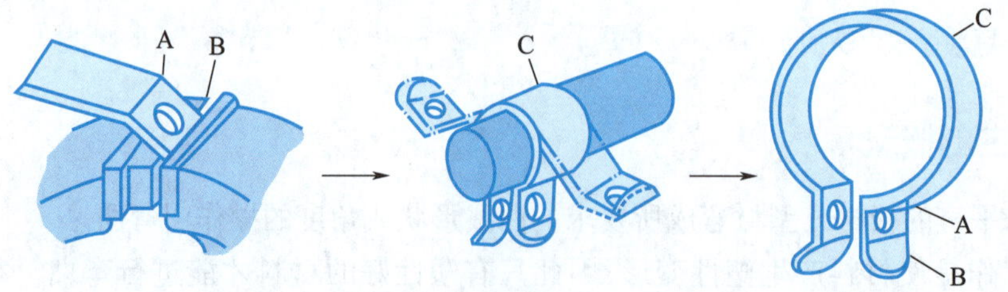

图 10-24　弯圆弧和角度结合的工件

2. 管子的弯曲

直径在 12 mm 以下的管子,一般可用冷弯方法进行。直径在 12 mm 以上的管子,则用热弯。最小弯曲半径,必须大于管子直径的 4 倍,如图 10-25 所示。

3. 盘弹簧

盘弹簧前应先做好一根盘弹簧用的心棒,心棒一端开槽或钻小孔,另一端弯成摇手柄式的直角弯头,如图 10-26 所示。

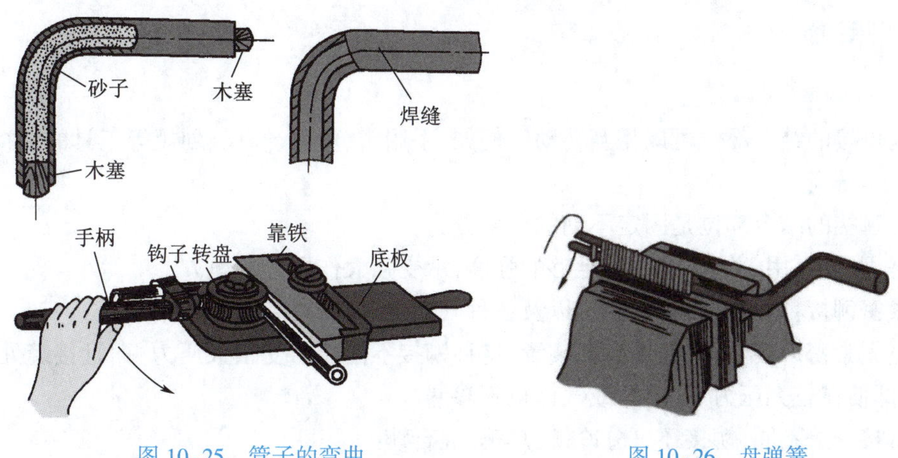

图 10-25　管子的弯曲　　　图 10-26　盘弹簧

废品产生的原因见表 10-1。

表 10-1　废品产生的原因

形式	废品产生原因
工件表面留有麻点或锤痕	①锤击时锤子歪斜，锤子的边缘和工件材料接触。 ②锤面不光滑。 ③对加工过的表面或有色金属矫正时用硬锤直接锤击而造成的
工件断裂	①矫正或弯曲过程中多次折弯，破坏了金属组织。 ②塑性较差，r(弯形半径)/t(材料厚度)值过小，材料发生较大的变形而造成的
工件弯斜或尺寸不准确	①夹持不正或夹持不紧，锤击偏向一边。 ②用不正确的模具，锤击力过重而造成的
材料长度不够	弯曲前毛坯长度计算错误
管子熔化或表面严重氧化	管子热弯温度太高造成

六、铆接过程

用铆钉连接两个或两个以上工件的操作称为铆接，如图 10-27 所示。

将铆钉插入被铆接工件的孔内，并把铆钉头紧贴工件表面，然后将铆钉杆的一端镦粗而成为铆合头。

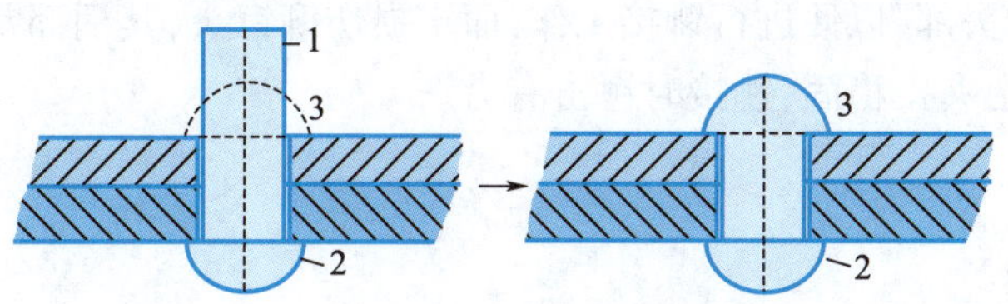

图 10-27　铆接过程

1—铆钉杆；2—铆钉头；3—铆合头

七、铆接种类

1. 活动铆接(铰链铆接)

活动铆接的结合部位可以相互转动。例如:手用钳、剪刀、塞尺、划规等工具的铆接。

2. 固定铆接

固定铆接的结合部位是固定不动的。可分为:

①坚固铆接:用于结构需要有足够的强度,承受强大作用力的地方。

②紧密铆接:用于低压容器装置以及各种气体、液体管路装置。

③坚固紧密铆接:用于高压容器装置,这种铆接不但能承受很大压力,而且接缝处要求非常紧密,即使在较大压力下,液体或气体也不渗漏。

按铆接方法不同,铆接还可分冷铆、热铆、混合铆。

八、铆接工具

1. 手锤

常用圆头手锤和方头手锤。专用于铆接的手锤叫铆接手锤。它和钳工中常用的圆头手锤从形状上相比所不同,其锤身较长而略带弯形。这种手锤对铆接箱盒里角处比锤身直的手锤更便于施力敲打。手锤的大小应根据铆钉直径的大小来选用。通常使用250 g~500 g的手锤。

2. 压紧冲头

压紧冲头如图10-28所示,当铆钉插入铆钉孔后,用它将被铆合的板件相互压紧。

3. 罩模和顶模

罩模和顶模如图10-29所示。其工作部分大多都制成半圆形的凹球面,用于铆接半圆头铆钉。也可按平头铆钉的头部制成凹形,用于铆接平头铆钉。

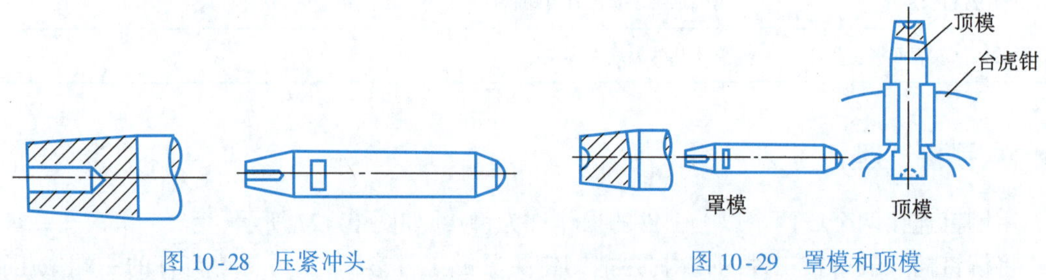

图10-28　压紧冲头　　图10-29　罩模和顶模

罩模和顶模的区别在于,罩模用于铆接时作出完整的铆合头,柄部常制成圆柱形;顶模用于铆接时顶住铆钉的头部,以便进行铆接工作,而不损伤铆钉头,其柄部常制成有两个平行的平面,以便在台虎钳上夹持稳固,铆接时锤击有力。

九、铆接方法

1. 铆钉直径的确定

铆接时铆钉直径的大小和被连接板的最小厚度有关。铆钉直径一般等于板厚的1.8倍。标准铆钉的直径可按表10-2选取。

表 10-2　标准铆钉的直径

公称直径(mm)		2.0	2.5	3.0	4.0	5.0	6.0	8.0	10.0
通孔直径(mm)	精装配	2.1	2.6	3.1	4.1	5.2	6.2	8.2	10.3
	粗装配	2.2	2.7	3.4	4.5	5.6	6.6	8.6	11

2. 铆钉长度的确定

铆接时铆钉所需的长度应等于铆接板料总厚度与铆钉伸出长度之和。铆钉杆的伸出长度必须合适,过长或过短都会造成铆接废品。经验证明,半圆头铆钉的伸出部分长度,应为铆钉直径的 1.25~1.5 倍。沉头铆钉的伸出部分长度,应为铆钉直径的 0.8~1.2 倍。击心铆钉的伸出部分长度应为 2~3 mm。抽心铆钉的伸出部分长度应为 3~6 mm。

3. 通孔直径的确定

铆接时通孔的大小,应随连接要求的不同而有所变化。若孔径过小,将使铆钉插入困难。若过大,则铆合后的工件容易松动。无特殊要求时,一般可按表 10-3 选取。

表 10-3　铆接时通孔直径的确定

公称直径(mm)		2.0	2.5	3.0	4.0	5.0	6.0	8.0	10.0
通孔直径(mm)	精装配	2.1	2.6	3.1	4.1	5.2	6.2	8.2	10.3
	粗装配	2.2	2.7	3.4	4.5	5.6	6.6	8.6	11

4. 手工铆接方法

(1)半圆头铆钉的铆接过程

半圆头铆钉的铆接过程:把工件彼此贴合→按划线钻孔→孔口倒角→铆钉插入孔内→用压紧冲头压紧板料→镦粗铆钉伸出部分,初步锤打成形→最后用罩模修整,如图 10-30 所示。

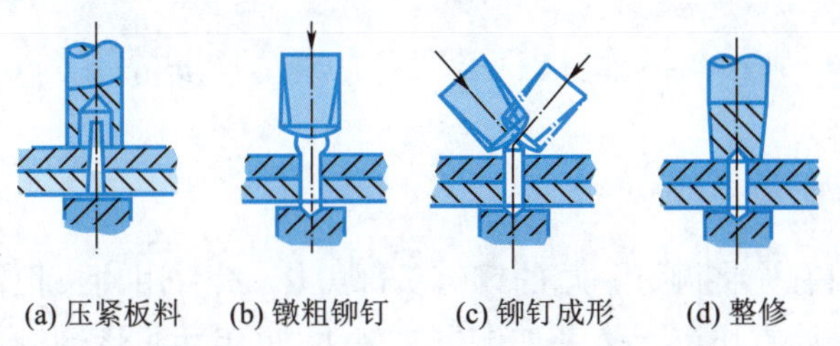
(a) 压紧板料　(b) 镦粗铆钉　(c) 铆钉成形　(d) 整修

图 10-30　半圆头铆钉的铆接过程

(2)沉头铆钉的铆接过程

沉头铆钉的一种是用现成的沉头铆钉铆接,另一种是用圆钢截断后代用。

用圆钢截断后作铆钉的铆接过程:把工件彼此贴合→按划线钻孔→孔口倒角→铆钉插入孔内→在正中镦粗面 1 和 2→铆面 2→铆面 1→修平高出平面部分,如图 10-31 所示。

如用现成的沉头铆钉铆接,只要将铆合头一端的材料,经铆打填平沉头座即可。

(3)空心铆钉铆接过程

空心铆钉铆接过程:将铆钉插入孔内→用样冲(或类似的冲头)冲一下→用特别的冲头使翻开的铆钉贴严于工件,如图 10-32 所示。

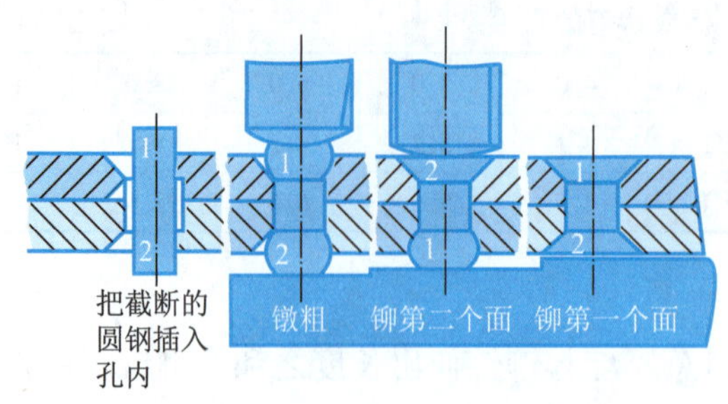

图 10-31　沉头铆钉的铆接过程

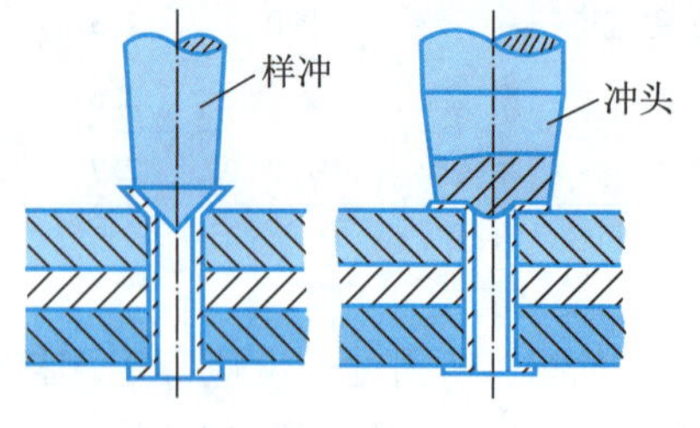

图 10-32　空心铆钉铆接过程

(4)抽心铆钉铆接过程

将抽心铆钉插入铆件孔内,并将伸出铆钉头的钉心插入拉铆枪头部的孔内,然后起动拉铆枪。由于钉心的一端是制成凸缘形的,随着钉心的抽出,使伸出铆件的铆钉杆在凸缘作用下自行膨胀形成铆合头,待工件铆牢后,钉心即在凹槽处断开而被抽出,如图 10-33 所示。

(5)击心铆钉的铆接过程

将击心铆钉插入铆件孔内,用手锤敲击钉心,当钉心敲到与铆钉头相平时,钉心即被击至铆钉杆的底部。由于钉心的一端呈棱锥形,故铆钉伸出铆件的部分,沿印痕向四面胀开形成美观的四角形花朵,这样工件就被铆合,如图 10-34 所示。

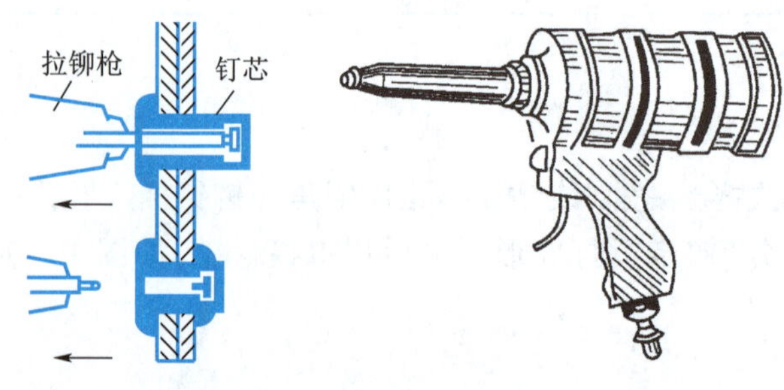

图 10-33　抽心铆钉铆接过程

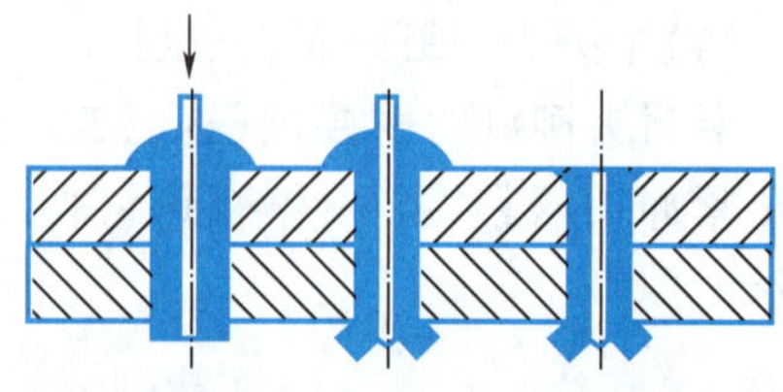

图 10-34　击心铆钉的铆接过程

十、铆钉的拆卸方法

要拆除铆接件,只有先将铆钉一端的铆钉头部毁坏,然后用冲头把铆钉从孔中冲出。对于一般较粗糙的铆接件,直接可用錾子把铆钉头錾去,再用冲头将铆钉冲出铆孔。当铆接件的表面不允许受到损伤时,可用钻孔方法拆卸。

1. 沉头铆钉的拆卸

钻孔时为了使钻头中心与铆钉杆中心对准,要先用样冲在铆接头上冲出中心眼,至少用小于铆钉直径 1 mm 的钻头钻孔,其钻孔深度应稍超过铆钉头的高度。然后用小于底孔直径的冲头将铆钉冲出,如图 10-35 所示。

2. 半圆头铆钉的拆卸

可先把铆钉头略微敲平或挫平,用样冲冲出中心眼,再用钻头钻孔(钻孔深度为铆合头的高度)。然后用一合适的铁棒插入钻孔中,将铆钉头拆断,最后用冲头冲出铆钉,如图 10-36 所示。

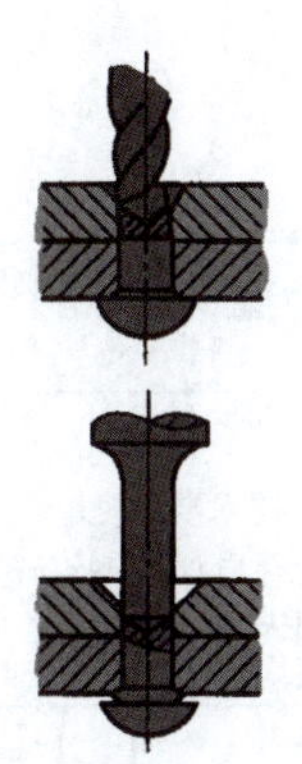

图 10-35　沉头铆钉的拆卸

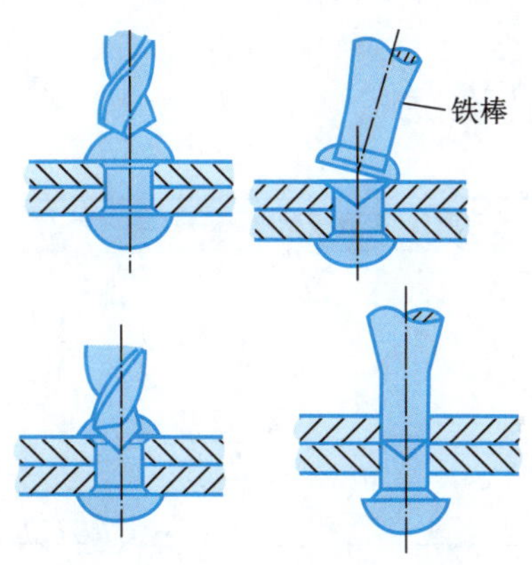

图 10-36　半圆头铆钉的拆卸

铆接过程中产生废品的原因见表 10-4。

表 10-4　铆接过程中废品产生的原因

废品形式	图示	废品原因
铆合头偏歪		①铆钉太长； ②铆钉歪斜，铆钉孔没有对准； ③镦粗铆合头时不垂直
铆合头不光洁或有凹痕		①罩模工作面不光洁； ②铆接时锤击力过大或连续锤击，罩模弹回时棱角碰在铆合头上
半圆铆合头不完整		铆钉太短
沉头座没填满		①铆钉太短； ②镦粗时锤击方向和板料不垂直
原铆钉头没有紧贴工件		①铆钉孔直径太小； ②孔口没有倒角
工件上有凹痕		①罩模歪斜； ②罩模凹坑太大
铆钉杆在孔内弯曲		①铆钉孔太大； ②铆钉杆直径太小
工件之间有间隙		①工件板料不平整； ②板料没有压紧

项目　折叠板凳

项目：折叠板凳	任务书(装配图)	
姓名：	班级：	日期：

技术要求

1. 装配后折叠自如，铆钉连接可靠。
2. 去除毛刺尖角。
3. 表面涂漆均匀光亮。

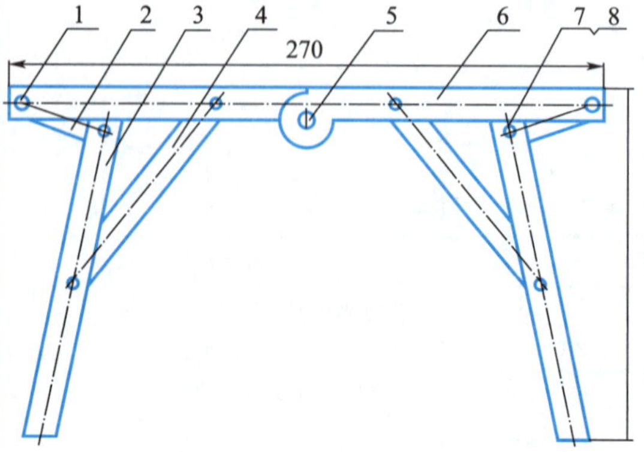

9	铜管	2	ϕ8×103	壁厚1 mm
8	角支撑	1		
7	冷拉圆	2	ϕ4×120	
6	板面	2		
5	半圆头铆钉	2	5×7	
4	长支撑	2		
3	板凳腿	2		
2	短支撑	2		
1	半圆头铆钉	12	3×6	
项次	项目及技术要求	数量	材料及规格	备注

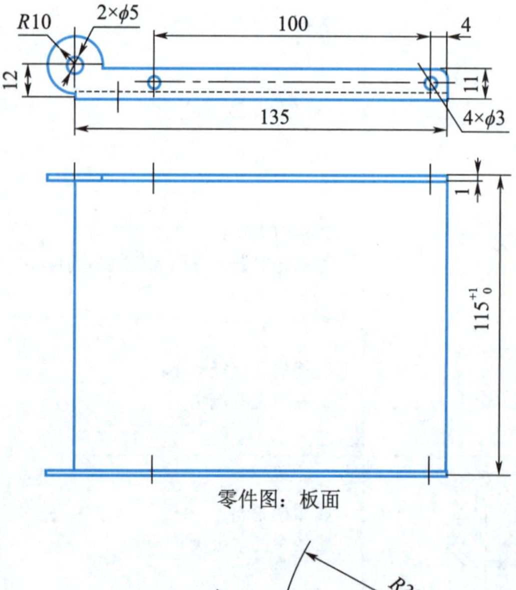

零件图：板面

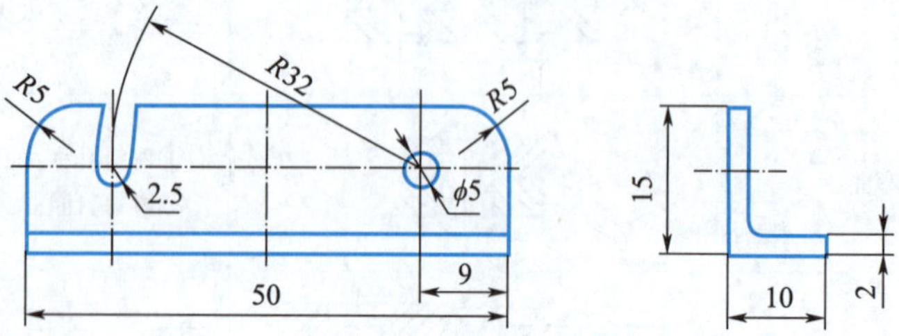

零件图：角支撑

续上表

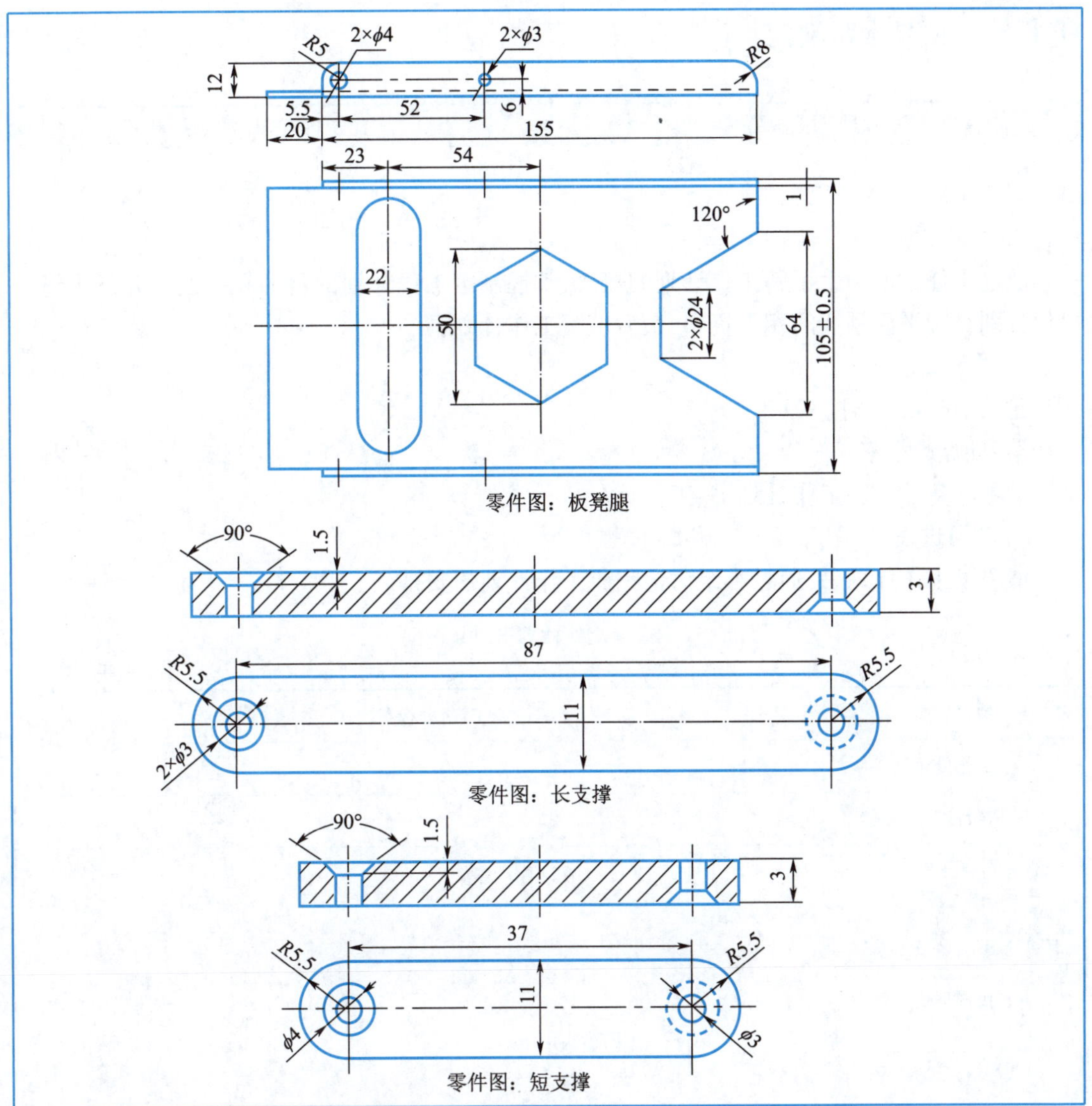

零件图：板凳腿

零件图：长支撑

零件图：短支撑

学习目标

1. 掌握划线、錾削、锯削、锉削、钻孔、矫正、弯形及铆接的方法。
2. 掌握零件装调、调试的相关知识。
3. 能正确使用角度量具对零件进行检测，并准确记录测试结果。
4. 能按加工工艺步骤对零件进行装调、调试，并用专业术语进行交流。
5. 根据现场管理规范要求，清理场地，归置物品并按环保要求处理废弃物。

项目描述

读懂装配图和零件图，先分别加工出符合零件图要求的各零件，按装配要求进行装配并调试，确保折叠顺畅。

教师以此作为教学任务，提供工作图样，通过学生分组讨论，制定最简便的工艺制作流程，并在规定时间内保质保量完成任务。

任务1　工作计划制定

项目:折叠板凳		任务1:工作计划制定
姓名:	班级:	日期:

1. 学习目标

通过本任务使学生了解工作计划的概念,掌握制定工作计划的目的和方法。并以小组为单位分别查阅平面划线的相关资料,最后填写工作计划书。

2. 学习安排

建议学时:2学时。

学习地点:教室。

学习准备:图纸、工作计划书、工作页。

3. 学习过程

请阅读工作计划书,通过小组讨论完成工作计划的安排。

工作计划书

日期:　　年　月　日

项目名称	折叠板凳		
工作目标			
执行措施			
执行步骤			
材料牌号		所需工、量具	
接受任务时间	年　月　日	完成任务时间	年　月　日
预计完成数量		实际完成数量	
计划制定人		计划承办人	

小提示:执行措施主要是指为达到既定的目标而采取的手段、动员的力量、创造的条件以及需要排除的困难等方面。

任务2　折叠板凳操作过程

项目：折叠板凳		任务2：折叠板凳操作过程
姓名：	班级：	日期：

1. 学习目标

读懂装配图和零件图，先分别加工出符合零件图要求的各零件，按装配要求进行装配并调试，确保折叠顺畅。

2. 学习安排

建议学时：30学时。

学习地点：实训室。

学习准备：图纸、工作计划书、工作页。

3. 学习过程

依据折叠板凳的机械加工过程卡片，独立完成工作。

机械加工过程卡				零件名称	折叠板凳	
				材料牌号	Q235	
				毛坯尺寸		
序号	工序名称	工序内容	工序简图	工艺装备	辅具	设备
1	钳	识图及准备（见图纸）	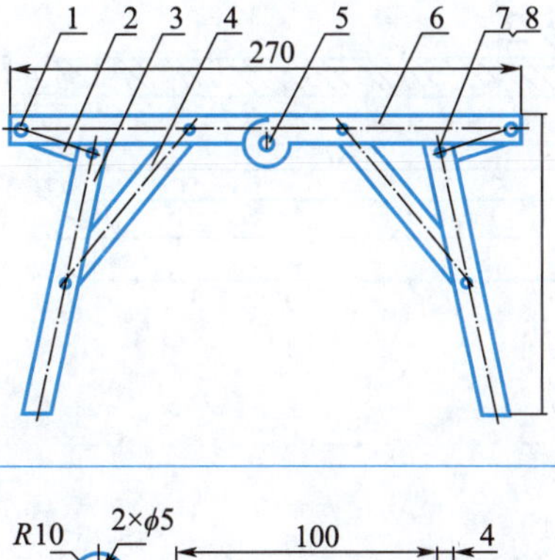 1 2 3 4 5 6 7 8 270	榔头、錾、锯、锉、台钻、钻头、高度游标卡尺、游标卡尺、千分尺、游标万能角度尺、样冲、平板等	涂料	
2	钳	加工板面（见图纸）	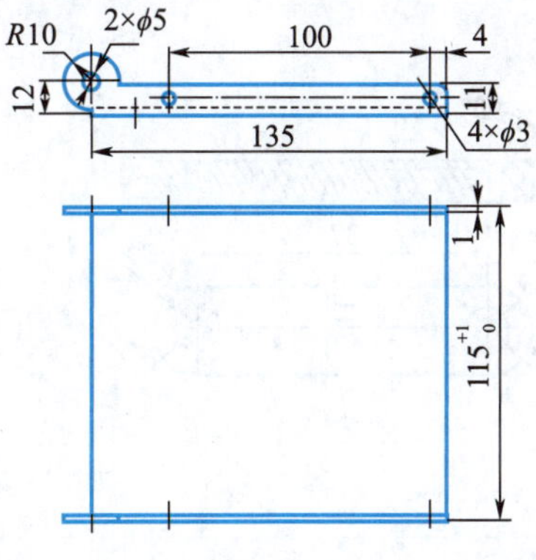 R10　2×ϕ5　100　4 12　11 135　4×ϕ3 1 115^{+1}_{0}	榔头、錾、锯、锉、台钻、钻头、高度游标卡尺、游标卡尺、千分尺、角尺、样冲、平板等		

续上表

机械加工过程卡				零件名称	折叠板凳	
				材料牌号	Q235	
				毛坯尺寸		
序号	工序名称	工序内容	工序简图	工艺装备	辅具	设备
3	钳	加工板凳腿（见图纸）	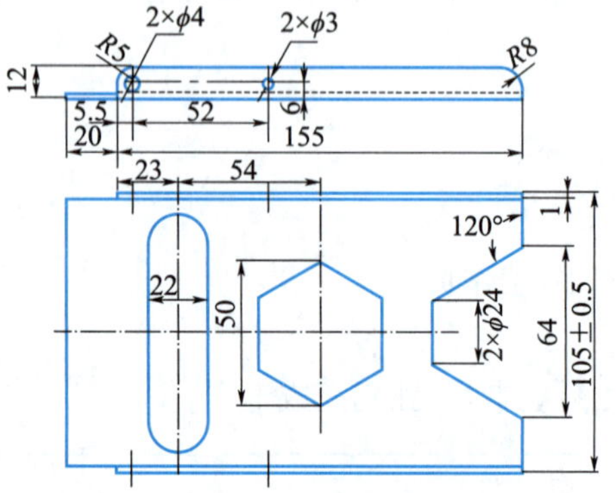	榔头、錾、锯、锉、台钻、钻头、高度游标卡尺、游标卡尺、千分尺、角尺、样冲、平板等		
4	钳	加工长支撑（见图纸）	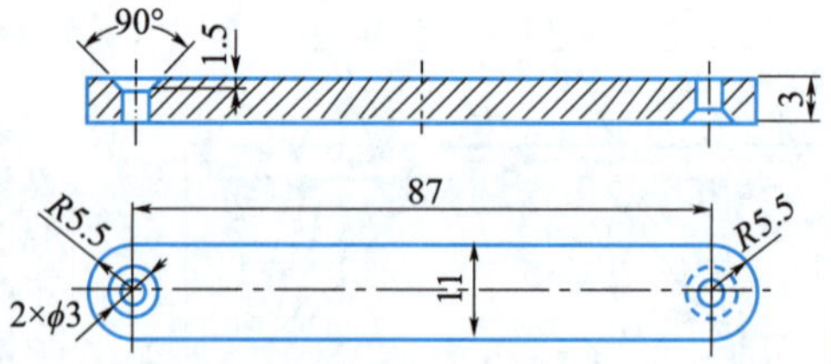	锯、锉、台钻、钻头、高度游标卡尺、游标卡尺、样冲、平板等		
5	钳	加工短支撑（见图纸）	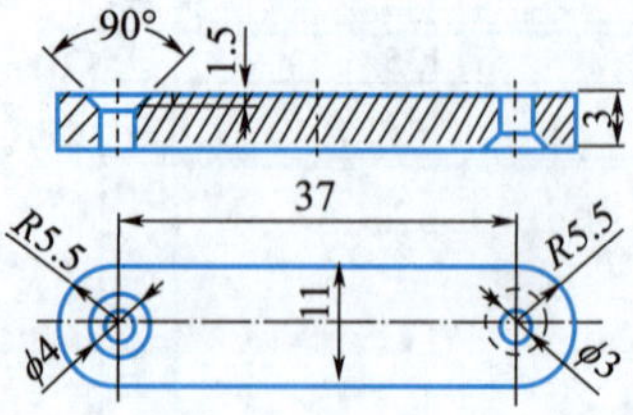	锯、锉、台钻、钻头、高度游标卡尺、游标卡尺、样冲、平板等		

续上表

<table>
<tr><td colspan="4" rowspan="3">机械加工过程卡</td><td>零件名称</td><td colspan="2">折叠板凳</td></tr>
<tr><td>材料牌号</td><td colspan="2">Q235</td></tr>
<tr><td>毛坯尺寸</td><td colspan="2"></td></tr>
<tr><td>序号</td><td>工序名称</td><td>工序内容</td><td>工序简图</td><td>工艺装备</td><td>辅具</td><td>设备</td></tr>
<tr><td>6</td><td>钳</td><td>加工角支撑（见图纸）</td><td> 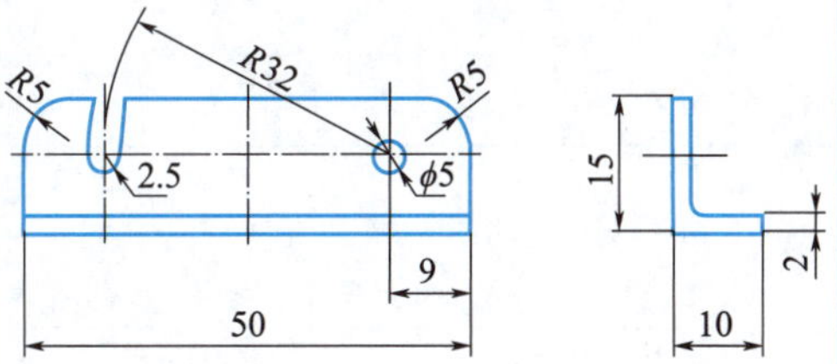R5　R32　R5　2.5　φ5　9　50　15　2　10</td><td>锯、锉、台钻、钻头、高度游标卡尺、游标卡尺、样冲、平板等</td><td></td><td></td></tr>
<tr><td>7</td><td>钳</td><td>检查各零件并进行弯形、铆接、装配（见图纸）</td><td> 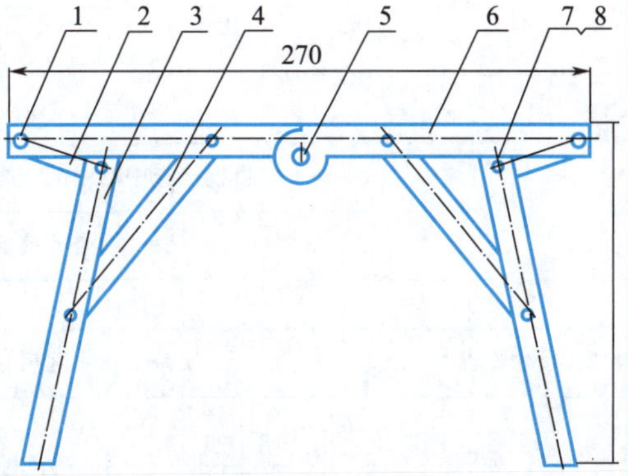1　2　3　4　5　6　7　8　270</td><td>榔头、錾、锯、锉、高度游标卡尺、游标卡尺、千分尺、角尺、样冲、平板等</td><td></td><td></td></tr>
<tr><td>8</td><td>钳</td><td>检测装配质量</td><td> </td><td>角尺、平板等</td><td></td><td></td></tr>
<tr><td colspan="2">更改内容</td><td colspan="5"></td></tr>
<tr><td colspan="2">编制</td><td>校对</td><td>批准</td><td>审核</td><td colspan="2"></td></tr>
</table>

任务3　检验与评估

项目:折叠板凳		任务3:检验与评估
姓名:	班级:	日期:

序号	位置编号	目视检查	评价10~0分		
1					
2					
3					
4					
5					
6					
7					
8					
		目视检查中的中间成绩			
		检查人签名			

序号	位置编号	尺寸检查	误差	实际尺寸	评价10~0分		
1							
2							
3							
4							
5							
6							
7							
8							
				尺寸检查中的中间成绩			
				检查人签名			

任务4　工作总结与作品展示

项目:折叠板凳		任务4:工作总结与作品展示
姓名:	班级:	日期:

1. 学习目标

通过作品展示这一环节,给学生提供一个自我展示的平台,以小组为单位派出代表介绍自己组的优秀作品。在此过程中培养学生们的语言沟通能力,并在和其他同学的交流中认识到自身所存在的差距,从而取长补短,最终达到提高学习积极性的目的。

2. 学习安排

建议学时:1学时。

学习地点:教室。

3. 学习过程

引导问题1:你通过折叠板凳训练学到了什么?

引导问题2:你的折叠板凳存在哪些质量缺陷?是由什么原因导致的?下次如果遇到类似问题该如何避免?

学习要点记录

学习领域11 综合训练

理论知识

一、碳素工具钢的牌号及用途

碳素工具钢的牌号及用途见表 11-1。

表 11-1　碳素工具钢的牌号及用途

	牌号	用途
碳素工具钢	T7、T8	作錾子、榔头、小冲头等
	T9、T10、T11	作丝锥、板牙、绞刀、手工锯条等
	T12、T13	作锉刀、刮刀、角尺等

小提示：T7 代表含碳量约等于 0.7% 的碳素工具钢。T 表示碳素工具钢；数字表示钢的平均含碳量的千分数。

二、钢的常见分类方法

钢的常见分类方法如下。

- 钢的分类
  - 按钢的成分分类
    - 碳素钢
      - 低碳钢：含碳量≤0.25%
      - 中碳钢：含碳量在 0.25%～0.6%
      - 高碳钢：含碳量在 0.6%～1.35%
    - 合金钢
      - 低合金钢：含合金总量≤5%
      - 中合金钢：含合金总量在 5%～10%
      - 高合金钢：含合金总量≥10%
  - 按钢的质量分类（根据钢中含有害元素 P、S 的多少）
    - 普通钢：S≤0.055%，P≤0.045%
    - 优质钢：S≤0.045%，P≤0.040%
    - 高级优质钢：S≤0.030%，P≤0.035%
  - 按钢的用途分类
    - 结构钢：用于各种工程构件及机器零件
    - 工具钢：用于各种刀具、量具和模具
    - 特殊性能钢：用于特殊环境中工作的零件

三、加工量具的使用

1. 量块

量块是具有一对相互平行测量面，且两平面间具有准确尺寸，其横截面为矩形等形式的实物量具，如图 11-1 所示。

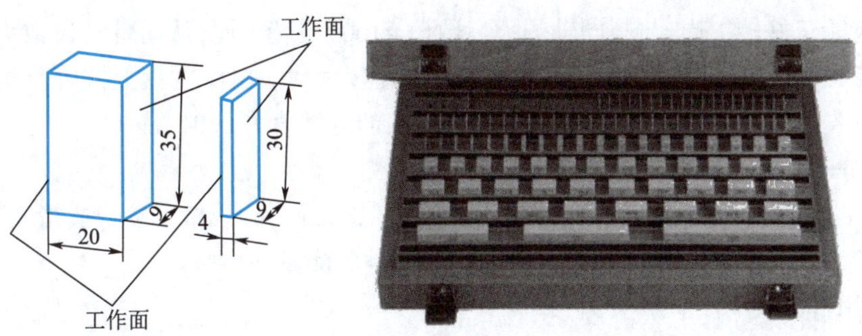

图 11-1　量块

引导问题 1:以 39.985 mm 为例,请简述量块的尺寸组合及使用方法?

2. 百分表

百分表主要用来测量工件的尺寸、形状和位置误差,也可用于检验机床的几何精度或调整工件的装夹位置偏差。

(1)百分表的结构

百分表的结构主要由测头、测杆、大小齿轮、指针、度盘、表圈等组成,如图 11-2 所示。

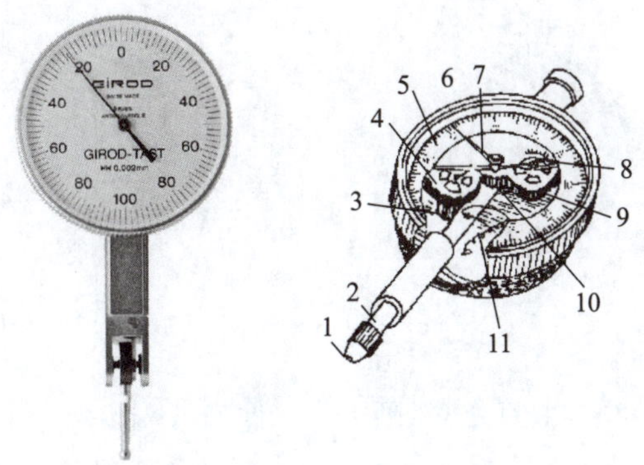

图 11-2　百分表的结构

1—测头;2—测杆;3—小齿轮($z=16$);4、9—大齿轮($z=100$);5—度盘;
6—表圈;7—长指针;8—转数指针;10—小齿轮($z=10$);11—拉簧

(2)百分表的标记原理与示值读取方法

百分表测杆上的齿距是 0.625 mm,当测杆上升 16 齿时(即上升 $0.625\times16=10$ mm),

16 齿的小齿轮正好转 1 周,与其同轴的大齿数($z=100$)也转 1 周,从而带动齿数为 10 的小齿轮和指针转 10 周。即当测杆移动 1 mm 时,长指针转一周。由于度盘上共等分 100 格,所以指针每转一格,表示齿杆移动 0.01 mm。故百分表的分度值为 0.01 mm。

(3)百分表的量程和精度

百分表的量程一般有 0~3 mm、0~5 mm 和 0~10 mm 三种规格。按制造精度百分表可分为 0 级、1 级和 2 级,可用来进行 IT6~IT16 精度工件的测量和检验。

(4)使用百分表的注意事项

①百分表使用时应安装在专用表架或磁性表架上。

②百分表装在表架上后,一般可转动度盘,使指针处于零位。

③测量平面或圆形工件时,百分表的测头应与平面垂直或与圆柱形工件轴线垂直,否则百分表测杆移动不灵活,测量结果不准确。

④测量时测杆的升降范围不宜过大,以减少由于存在间隙而产生的误差。

引导问题 2:百分表的分度值是多少?请简述使用百分表的注意事项。

____

____

____

____

____

____

____

3. 杠杆百分表

杠杆百分表是把杠杆测头的位移(杠杆的摆动),通过机械传动系统转变为指针在表盘上的偏转。杠杆百分表表盘圆周上有均匀的刻度,分度值为 0.01 mm,示值范围一般为±0.4 mm,图 11-3 和图 11-4 分别列出来杠杆百分表的外形和结构组成。

图 11-3 杠杆百分表外形

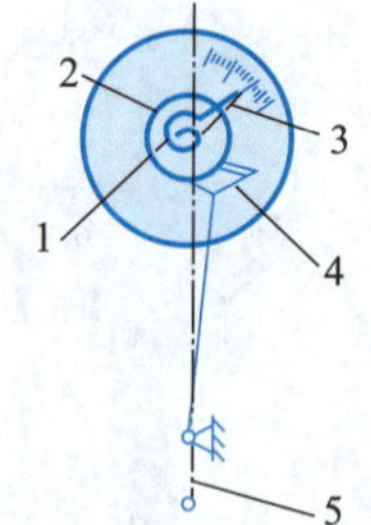

图 11-4 杠杆百分表结构

1—游丝;2—齿轮;3—指针;
4—扇形齿轮;5—杠杆测头

使用杠杆表时的注意事项

①夹持杠杆百分表的表架应牢固可靠,且要有足够的刚度,悬臂长度应尽量短。装夹好后如需调整位置,应先松开紧固螺钉,再转动轴套,不能直接转动表体。

②测量时应使杠杆百分表的测量头轴线与测量线尽量垂直。

引导问题 3：请简述使用杠杆百分表的注意事项？

____

____

____

____

____

____

4. 正弦规

正弦规是根据正弦函数原理，利用量块的组合尺寸，以间接方法进行测量角度的测量器具。它有Ⅰ型、Ⅱ型两种类型，且有 0 级、1 级两种准确度等级。钳工常用的普通正弦规由平台工作面和直径相同且轴线互相平行的两个支承圆柱所组成。正弦规的规格用两个圆柱体的中心距表示，一般有 100 mm、200 mm 两种，正弦规的结构及使用方法如图 11-5 和图 11-6 所示。

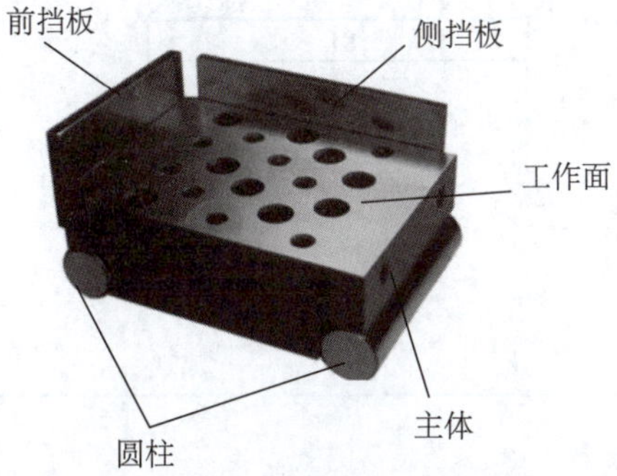

图 11-5　正弦规的结构

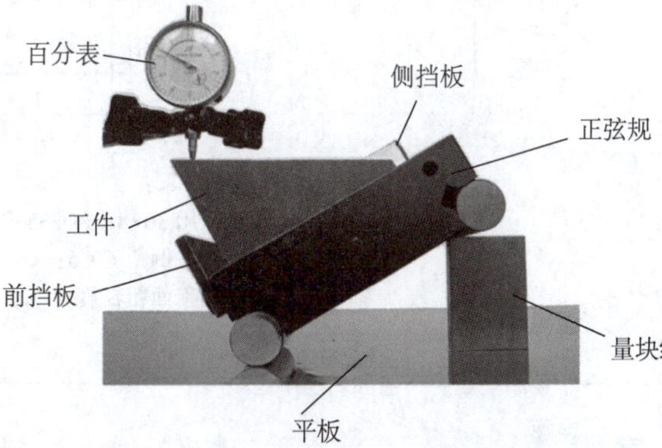

图 11-6　正弦规的使用方法

所需量块组的高度可按下式计算：

$$h = L\sin 2\alpha$$

式中　h——量块组高度，mm；

L——正弦规中心距，mm；

2α——被测工件角度。

引导问题 4：中心距 100 mm 的正弦规，若配合量块测量 60°，应如何选择量块？

____

____

____

____

____

____

项目1 锉削T字四巧板

<table>
<tr><td colspan="2">项目1:锉削T字四巧板</td><td colspan="2">任务书</td></tr>
<tr><td>姓名:</td><td colspan="2">班级:</td><td>日期:</td></tr>
<tr><td>T字拼图示意图 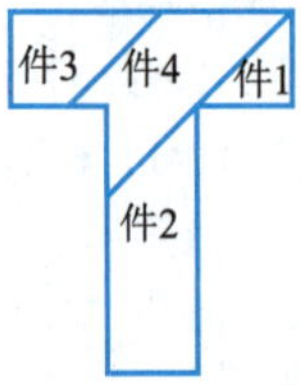
件3 件4 件1
件2</td><td colspan="3"> 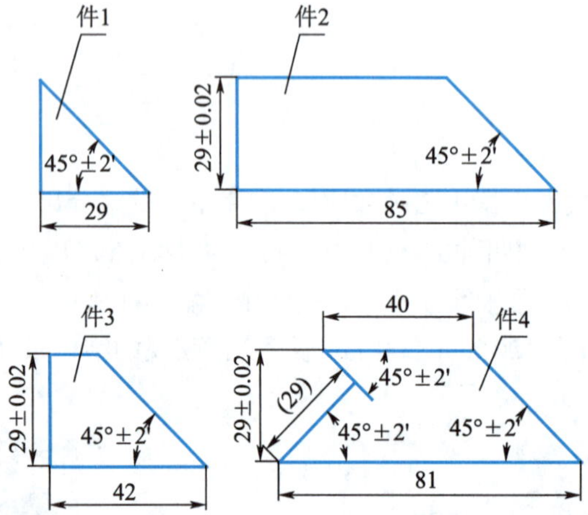件1 45°±2' 29
件2 29±0.02 45°±2' 85
件3 29±0.02 45°±2' 42
件4 40 29±0.02 (29) 45°±2' 45°±2' 45°±2' 81
技术要求:
1. 采用30×4的Q235条料;
2. 未注倒角 C0.5;
3. 加工面粗糙度 Ra3.2 μm。</td></tr>
</table>

学习目标

1. 能借助机械工人切削手册,查阅T字四巧板所用材料的牌号、用途、性能与分类属性。
2. 能识T字四巧板图,并表述T字四巧板的形状、尺寸、表面粗糙度、公差、材料等。
3. 能识别常用量具(如游标卡尺、刀口角尺、高度游标卡尺等),并能正确读数与保养。
4. 能合理选用并正确使用划线的工具和辅具。
5. 能正确使用游标卡尺、刀口直尺、刀口角尺对T字四巧板进行检测,并准确记录测试结果。
6. 能按加工工艺步骤对T字四巧板进行加工。并用专业术语进行交流。
7. 能根据现场管理规范要求,清理场地,归置物品并按环保要求处理废弃物。

项目描述

由于扩大钳工实训车间规模,接学校任务,现需在2天时间内完成并交付一批T字四巧板。

教师以此作为教学任务,提供工作图样,通过学生分组讨论,制定最简便的工艺制作流程,并在规定时间内保质保量完成任务。

任务1 工作计划制定

项目1:锉削T字四巧板		任务1:工作计划制定
姓名:	班级:	日期:

1. 学习目标

通过本任务使学生了解工作计划的概念,掌握制定工作计划的目的和方法。并以小组为单位分别查阅T字四巧板制作的相关资料(如所用材料的牌号、用途、性能和分类属性等),最后填写工作计划书。

2. 学习安排

建议学时:4学时。

学习地点:教室。

学习准备:图纸、工作计划书、工作页。

3. 学习过程

请阅读工作计划书,通过小组讨论完成工作计划的安排。

工作计划书

日期: 年 月 日

项目名称	T字四巧板的制作		
工作目标			
执行措施			
执行步骤			
材料牌号		所需工、量具	
接受任务时间	年 月 日	完成任务时间	年 月 日
预计完成数量		实际完成数量	
计划制定人		计划承办人	

小提示:执行措施主要是指为达到既定的目标而采取的手段、动员的力量、创造的条件以及需要排除的困难等方面。

引导问题1:为什么要制定工作计划?

引导问题 2:工作计划书的主要内容有哪些?

引导问题 3:T 字四巧板能拼出哪些图形?试举例说明。

引导问题 4:制作 T 字四巧板如何选料?

学习要点记录

任务2　T字四巧板制作与检验

项目1:制作T字四巧板		任务2:T字四巧板制作与检验
姓名:	班级:	日期:

1. 学习目标

按照工作图样独立完成制作T字四巧板的加工制作,在此过程中进一步强化锉刀、锯弓等常用手工具的使用方法,熟练运用量具对四巧板的各项精度进行检测。

2. 学习安排

建议学时:6学时。

学习地点:实训室。

学习准备:图纸、工作计划书、工作页。

3. 学习过程

依据T字四巧板的机械加工过程卡片,独立完成T字四巧板的制作。

机械加工过程卡				零件名称	T字四巧板	
				材料牌号	Q235	
				毛坯尺寸	255 mm×30 mm×4 mm	
序号	工序名称	工序内容	工序简图	工艺装备	辅具	设备
1	钳	识图及准备	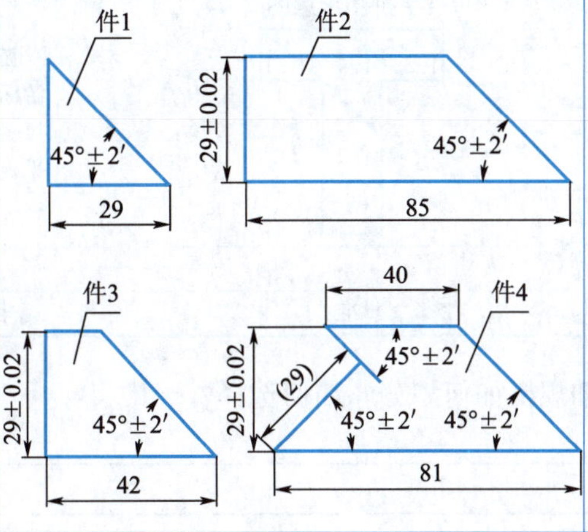 件1: 45°±2′, 29 件2: 29±0.02, 45°±2′, 85 件3: 29±0.02, 45°±2′, 42 件4: 40, 29±0.02, (29), 45°±2′, 45°±2′, 45°±2′, 81	划针、锉刀、高度游标卡尺、游标卡尺、游标万能角度尺、刀口角尺、手锯、平板等	着色剂、样板等	
2	钳	选定基准面,加工件1外形尺寸及角度,使其达到精度要求	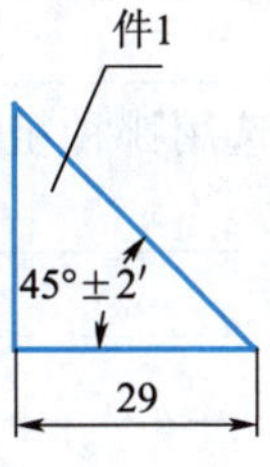 件1: 45°±2′, 29	划针、锉刀、高度游标卡尺、游标卡尺、游标万能角度尺、刀口角尺、手锯、平板等	着色剂、样板等	

续上表

<table>
<tr><td colspan="4" rowspan="3">机械加工过程卡</td><td>零件名称</td><td colspan="2">T字四巧板</td></tr>
<tr><td>材料牌号</td><td colspan="2">Q235</td></tr>
<tr><td>毛坯尺寸</td><td colspan="2">255 mm×30 mm×4 mm</td></tr>
<tr><td>序号</td><td>工序名称</td><td>工序内容</td><td>工序简图</td><td>工艺装备</td><td>辅具</td><td>设备</td></tr>
<tr><td>3</td><td>钳</td><td>选定基准面,加工件2外形尺寸及角度,使其达到精度要求</td><td> 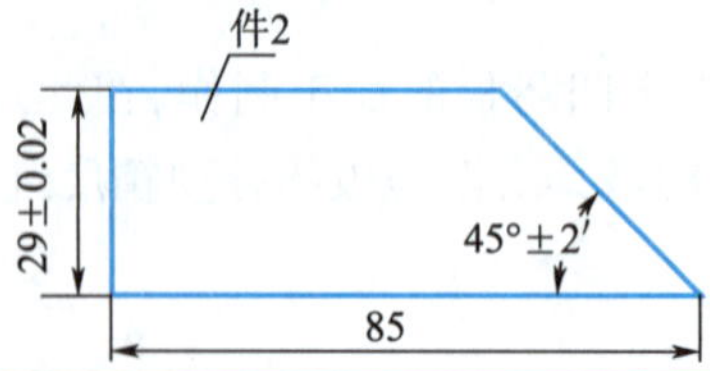件2
29±0.02
45°±2′
85</td><td>划针、锉刀、高度游标卡尺、游标卡尺、游标万能角度尺、刀口角尺、手锯、平板等</td><td>着色剂、样板等</td><td>Z4016台钻</td></tr>
<tr><td>4</td><td>钳</td><td>选定基准面,加工件3外形尺寸及角度,使其达到精度要求</td><td> 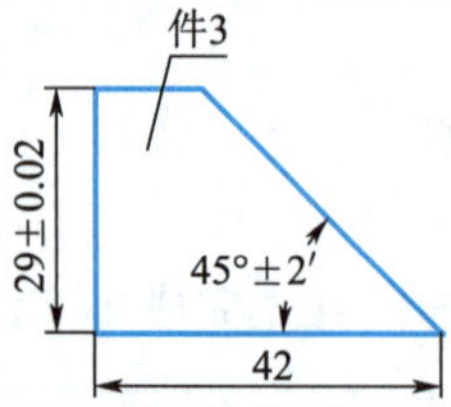件3
29±0.02
45°±2′
42</td><td>划针、锉刀、高度游标卡尺、游标卡尺、游标万能角度尺、刀口角尺、手锯、平板等</td><td>着色剂、样板等</td><td></td></tr>
<tr><td>5</td><td>钳</td><td>选定基准面,加工件4外形尺寸及角度,使其达到精度要求</td><td> 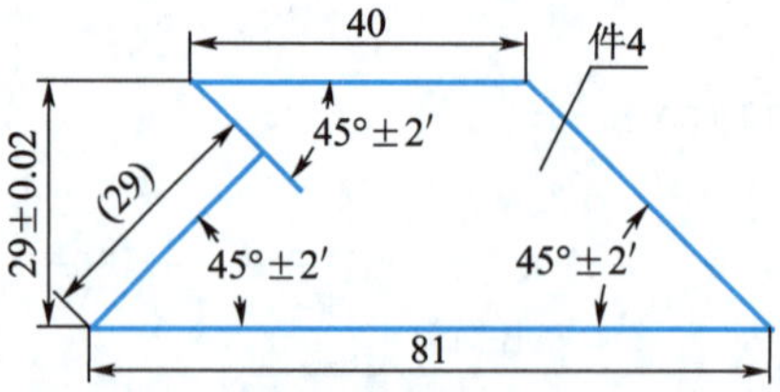40
件4
45°±2′
29±0.02
(29)
45°±2′
45°±2′
81</td><td>划针、锉刀、高度游标卡尺、游标卡尺、游标万能角度尺、刀口角尺、手锯、平板等</td><td>着色剂、样板等</td><td></td></tr>
<tr><td>6</td><td>钳</td><td>检查后拼装成T字形</td><td>T字拼图示意图 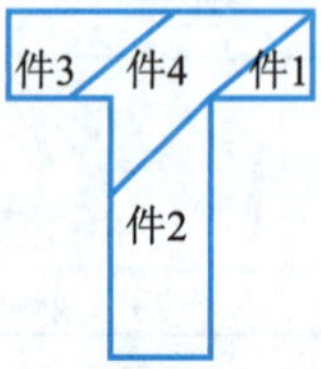
件3 件4 件1
件2</td><td>游标卡尺、游标万能角度尺、刀口角尺、平板等</td><td></td><td></td></tr>
<tr><td colspan="2">更改内容</td><td colspan="5"></td></tr>
<tr><td colspan="2">编制</td><td>校对</td><td>批准</td><td></td><td>审核</td><td></td></tr>
</table>

引导问题1:锯条的粗细规格如何划分?如何选择?

引导问题2:在对T字四巧板锯削时应选用哪种粗细规格的锯条?

任务3　检验与评估

项目1:制作T形四巧板		任务3:检验与评估
姓名:	班级:	日期:

序号	位置编号	目视检查	评价10~0分	
1	件1			
2	件2			
3	件3			
4	件4			
		目视检查中的中间成绩		
		检查人签名		

序号	位置编号	尺寸检查	误差	实际尺寸	评价10~0分	
1	件1					
2	件2					
3	件3					
4	件4					
		尺寸检查中的中间成绩				
		检查人签名				

学习要点记录

任务4　工作总结与作品展示

项目1:制作T形四巧板		任务4:工作总结与作品展示
姓名:	班级:	日期:

1. 学习目标

通过作品展示这一环节,给学生提供一个自我展示的平台,以小组为单位派出代表介绍自己组的优秀作品。在此过程中培养学生们的语言沟通能力,并在和其他同学的交流中认识到自身所存在的差距,从而取长补短,最终达到提高学习积极性的目的。

2. 学习安排

建议学时:2学时。

学习地点:教室。

3. 学习过程

引导问题1:你通过制作T形四巧板学到了什么?

引导问题2:你制作的T形四巧板存在哪些质量缺陷?是由什么原因导致的?下次如果遇到类似问题该如何避免?

引导问题2:除了拼出T字,你还能拼出哪些图案?请手绘出草图。

附图(部分拼图展示)

学习要点记录

项目 2　孔类综合加工训练

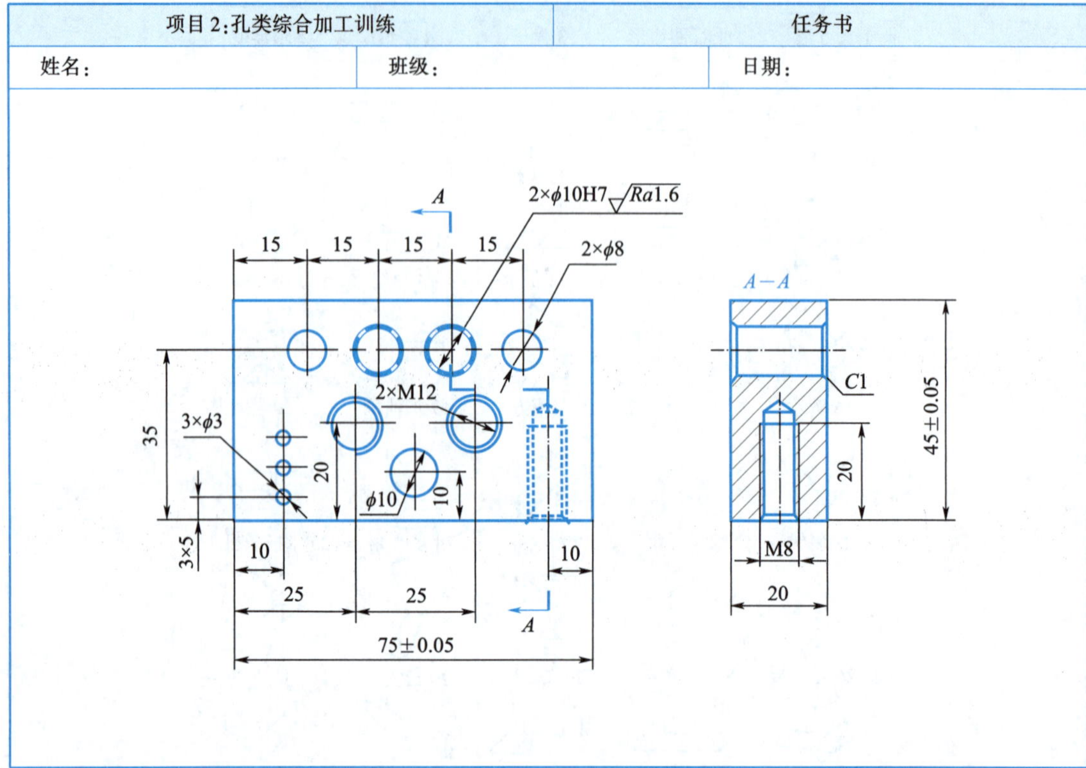

项目 2:孔类综合加工训练		任务书
姓名:	班级:	日期:

学习目标

1. 掌握划线、锉削、钻、扩、铰及攻螺纹的方法。
2. 加深掌握孔类加工的安全操作规程。
3. 能正确使用量具对零件进行检测,并准确记录测试结果。
4. 能按加工工艺步骤对零件进行划线,并用专业术语进行交流。
5. 根据现场管理规范要求,清理场地,归置物品并按环保要求处理废弃物。

项目描述

在 76 mm×46 mm×20 mm 的板料上进行孔类综合训练,加工出零件图纸要求的图形。

教师以此作为教学任务,提供工作图样,通过学生分组讨论,制定最简便的工艺制作流程,并在规定时间内保质保量完成任务。

任务1　工作计划制定

项目2:孔类综合加工训练		任务1:工作计划制定
姓名:	班级:	日期:

1. 学习目标

通过本任务使学生了解工作计划的概念,掌握制定工作计划的目的和方法。并以小组为单位分别查阅平面划线的相关资料,最后填写工作计划书。

2. 学习安排

建议学时:2学时。

学习地点:教室。

学习准备:图纸、工作计划书、工作页。

3. 学习过程

请阅读工作计划书,通过小组讨论完成工作计划的安排。

工作计划书

日期:　　年　月　日

项目名称	孔类综合加工训练		
工作目标			
执行措施			
执行步骤			
材料牌号		所需工、量具	
接受任务时间	年　月　日	完成任务时间	年　月　日
预计完成数量		实际完成数量	
计划制定人		计划承办人	

小提示:执行措施主要是指为达到既定的目标而采取的手段、动员的力量、创造的条件以及需要排除的困难等方面。

任务2　孔类综合加工训练操作过程

项目2:孔类综合加工训练		任务2:孔类综合加工训练操作过程
姓名:	班级:	日期:

1. 学习目标

按照工件图样独立完成孔类综合加工训练工作,在此过程中进一步强化孔类综合加工的方法。

2. 学习安排

建议学时:4学时。

学习地点:实训室。

学习准备:图纸、工作计划书、工作页。

3. 学习过程

依据孔类加工的机械加工过程卡片,独立完成工作。

机械加工过程卡				零件名称	孔类综合加工训练	
				材料牌号	Q235	
				毛坯尺寸	76 mm×46 mm×20 mm	
序号	工序名称	工序内容	工序简图	工艺装备	辅具	设备
1	钳	识图及准备	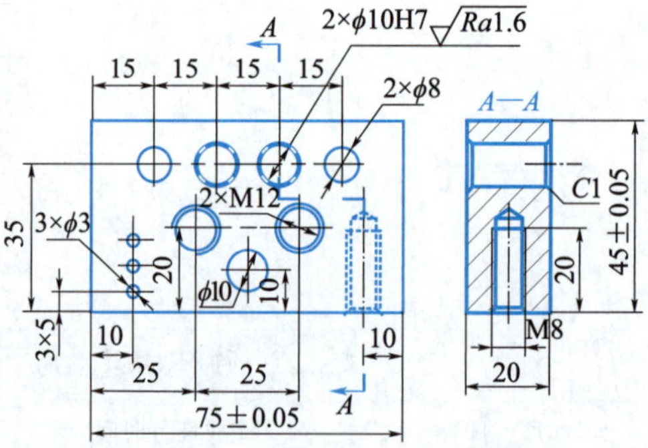 2×ϕ10H7 $\sqrt{Ra1.6}$; 2×ϕ8; 2×M12; 3×ϕ3; ϕ10; 15; 15; 15; 15; 35; 20; 10; 3×5; 10; 25; 25; 10; 75±0.05; A—A; C1; 45±0.05; 20; M8; 20	台钻、钻头、丝锥、铰刀、高度游标卡尺、游标卡尺、划规、样冲、平板等	涂料	
2	钳	检查毛坯并锉削75和45外形尺寸	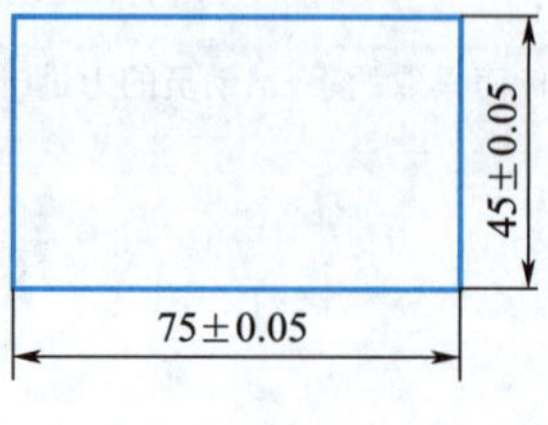 45±0.05; 75±0.05	高度游标卡尺、平板、样冲、划规等		

续上表

<table>
<tr><td colspan="4" rowspan="3">机械加工过程卡</td><td>零件名称</td><td colspan="2">孔类综合加工训练</td></tr>
<tr><td>材料牌号</td><td colspan="2">Q235</td></tr>
<tr><td>毛坯尺寸</td><td colspan="2">76 mm×46 mm×20 mm</td></tr>
<tr><td>序号</td><td>工序名称</td><td>工序内容</td><td>工序简图</td><td>工艺装备</td><td>辅具</td><td>设备</td></tr>
<tr><td>3</td><td>钳</td><td>划线</td><td> 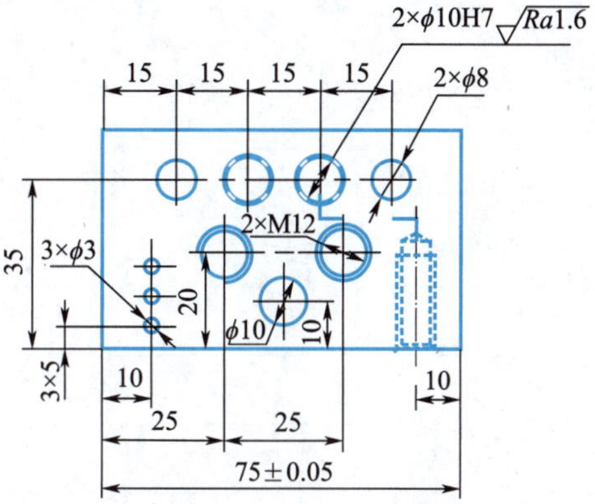</td><td>游标卡尺、刀口角尺等</td><td></td><td></td></tr>
<tr><td>4</td><td>钳</td><td>钻、扩、铰、攻螺纹</td><td> 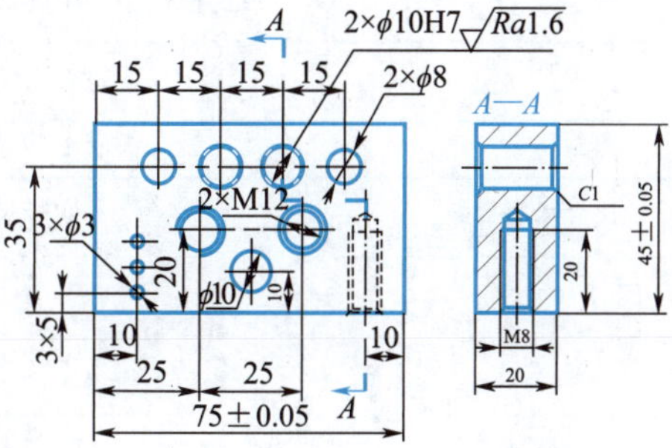</td><td>台钻、钻头、丝锥、铰刀、高度游标卡尺、游标卡尺、划规、样冲、平板等</td><td></td><td></td></tr>
<tr><td>5</td><td>钳</td><td>检查</td><td> 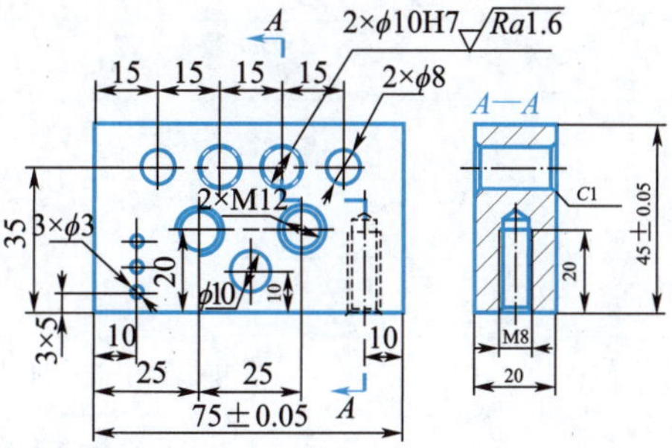</td><td>游标卡尺、塞规、螺纹塞规等</td><td></td><td></td></tr>
<tr><td>更改内容</td><td colspan="6"></td></tr>
<tr><td>编制</td><td>校对</td><td></td><td>批准</td><td></td><td>审核</td><td></td></tr>
</table>

任务3 检验与评估

项目 2:孔类综合加工训练		任务 3:检验与评估
姓名:	班级:	日期:

序号	位置编号	目视检查	评价 10~0 分		
1					
2					
3					
4					
5					
6					
7					
8					
		目视检查中的中间成绩			
		检查人签名			

序号	位置编号	尺寸检查	误差	实际尺寸	评价 10~0 分		
1							
2							
3							
4							
5							
6							
7							
8							
				尺寸检查中的中间成绩			
				检查人签名			

任务4　工作总结与作品展示

项目2:孔类综合加工训练		任务4:工作总结与作品展示
姓名:	班级:	日期:

1. 学习目标

通过作品展示这一环节,给学生提供一个自我展示的平台,以小组为单位派出代表介绍自己组的优秀作品。在此过程中培养学生们的语言沟通能力,并在和其他同学的交流中认识到自身所存在的差距,从而取长补短,最终达到提高学习积极性的目的。

2. 学习安排

建议学时:1学时。

学习地点:教室。

3. 学习过程

引导问题1:你通过孔类综合加工训练学到了什么?

____

____

____

____

____

____

引导问题2:你在孔类综合加工训练所加工的零件存在哪些质量缺陷?是由什么原因导致的?下次如果遇到类似问题该如何避免?

____

____

____

____

____

____

____

____

项目 3　凸凹配合

项目 3：凸凹配合		任务书
姓名：	班级：	日期：

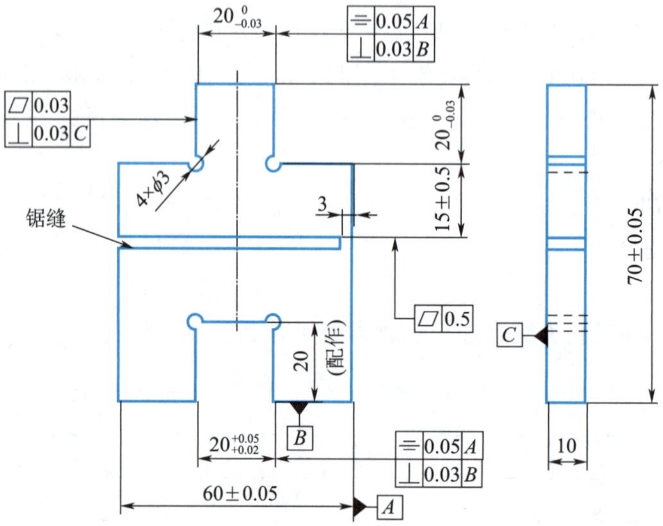

技术要求
1.注意控制对称度。
2.配合后间隙小于0.04 mm，换向后间隙小于0.06 mm。
3.锐边倒角$C0.5$。

学习目标

1. 掌握划线、锯削、锉削、钻孔的方法。
2. 掌握零件配合的相关知识。
3. 能正确使用量具对零件进行检测，并准确记录测试结果。
4. 能按加工工艺步骤对零件进行划线。并用专业术语进行交流。
5. 根据现场管理规范要求，清理场地，归置物品并按环保要求处理废弃物。

项目描述

在 71 mm×61 mm×10 mm 的板料上进行凸凹配合训练，加工出零件图纸要求的图形。

教师以此作为教学任务，提供工作图样，通过学生分组讨论，制定最简便的工艺制作流程，并在规定时间内保质保量完成任务。

任务1 工作计划制定

项目3:凸凹配合		任务1:工作计划制定
姓名:	班级:	日期:

1. 学习目标

通过本任务使学生了解工作计划的概念,掌握制定工作计划的目的和方法。并以小组为单位分别查阅平面划线的相关资料,最后填写工作计划书。

2. 学习安排

建议学时:2学时。

学习地点:教室。

学习准备:图纸、工作计划书、工作页。

3. 学习过程

请阅读工作计划书,通过小组讨论完成工作计划的安排。

工作计划书

日期: 年 月 日

项目名称	凸凹配合		
工作目标			
执行措施			
执行步骤			
材料牌号		所需工、量具	
接受任务时间	年 月 日	完成任务时间	年 月 日
预计完成数量		实际完成数量	
计划制定人		计划承办人	

小提示:执行措施主要是指为达到既定的目标而采取的手段、动员的力量、创造的条件以及需要排除的困难等方面。

任务 2　凸凹配合训练操作过程

项目 3:凸凹配合		任务 2:凸凹配合训练操作过程
姓名:	班级:	日期:

1. 学习目标

按照工件图样独立完成凸凹配合加工训练工作,在此过程中进一步加强配合类零件的加工方法。

2. 学习安排

建议学时:4 学时。

学习地点:实训室。

学习准备:图纸、工作计划书、工作页。

3. 学习过程

依据凸凹配合的机械加工过程卡片,独立完成工作。

机械加工过程卡				零件名称	凸凹配合	
				材料牌号	Q235	
				毛坯尺寸	76 mm×46 mm×20 mm	
序号	工序名称	工序内容	工序简图	工艺装备	辅具	设备
1	钳	识图及准备	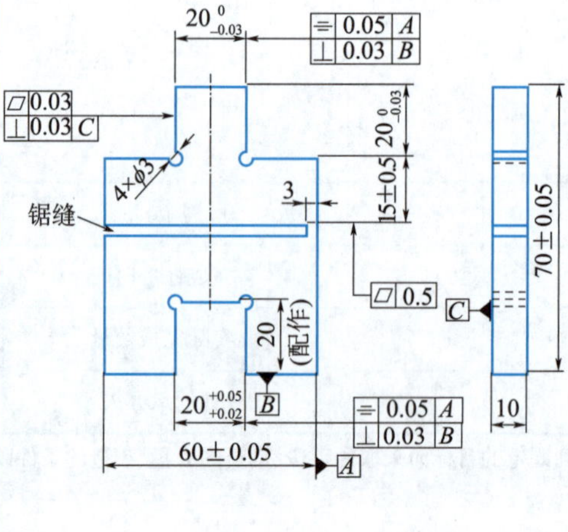	台钻、钻头、高度游标卡尺、游标卡尺、千分尺、游标万能角度尺、样冲、平板等	涂料	

续上表

机械加工过程卡				零件名称	凸凹配合	
				材料牌号	Q235	
				毛坯尺寸	76 mm×46 mm×20 mm	
序号	工序名称	工序内容	工序简图	工艺装备	辅具	设备
2	钳	锉削70和60外形尺寸	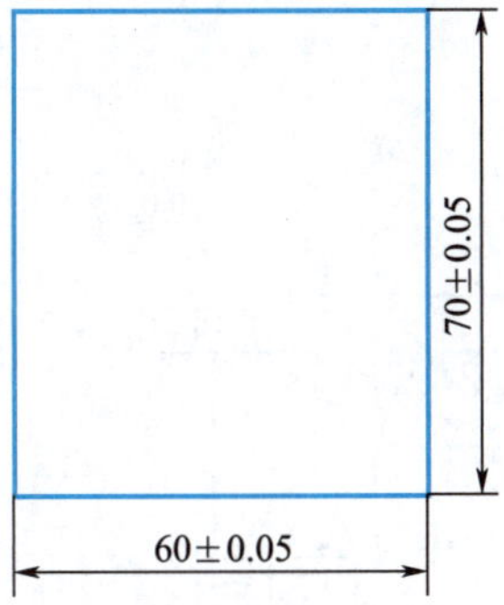 70±0.05；60±0.05	锉刀、游标卡尺、刀口角尺等		
3	钳	划线	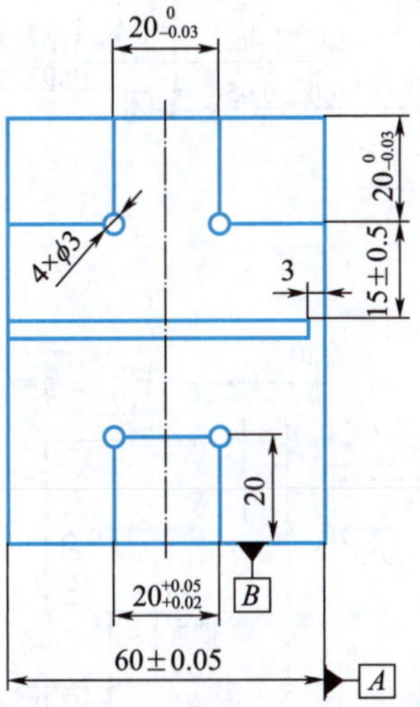 $20^{0}_{-0.03}$；$20^{0}_{-0.03}$；4×ϕ3；3；15±0.5；20；$20^{+0.05}_{+0.02}$；B；60±0.05；A	高度游标卡尺、平板、样冲等		
4	钳	对称加工凸件，保证尺寸、平面度、垂直度和对称度要求	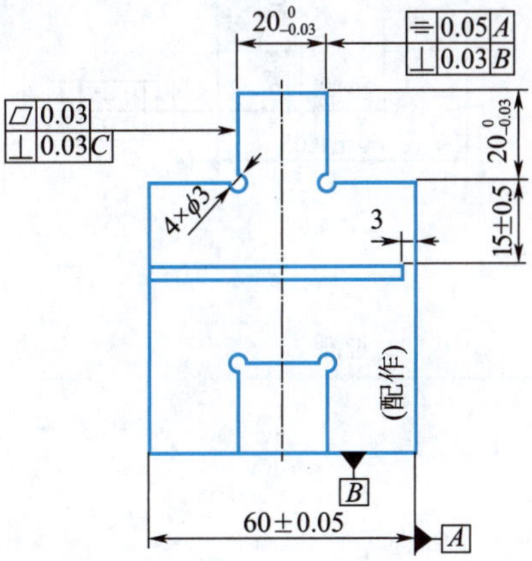 $20^{0}_{-0.03}$；⌯ 0.05 A；⊥ 0.03 B；▱ 0.03；⊥ 0.03 C；$20^{0}_{-0.03}$；4×ϕ3；3；15±0.5；(配作)；B；60±0.05；A	手锯、锉刀、游标万能角度尺、刀口直尺等		

续上表

机械加工过程卡				零件名称	凸凹配合	
				材料牌号	Q235	
				毛坯尺寸	76 mm×46 mm×20 mm	
序号	工序名称	工序内容	工序简图	工艺装备	辅具	设备
5	钳	对称加工凹件部分，保证尺寸、垂直度和对称度要求	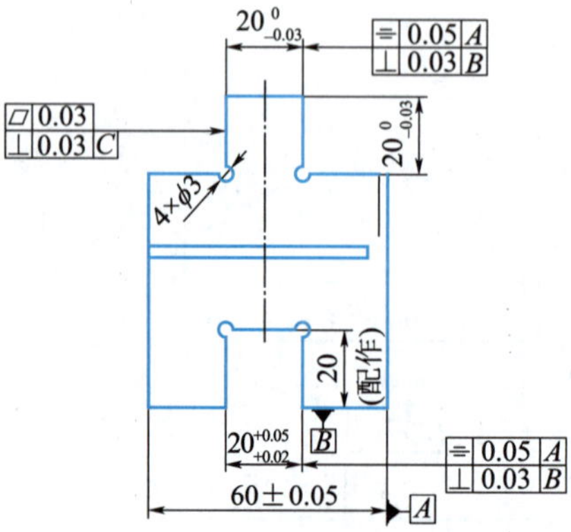	手锯、锉刀、游标万能角度尺、刀口直尺等		
6	钳	检查后锯出锯缝待查	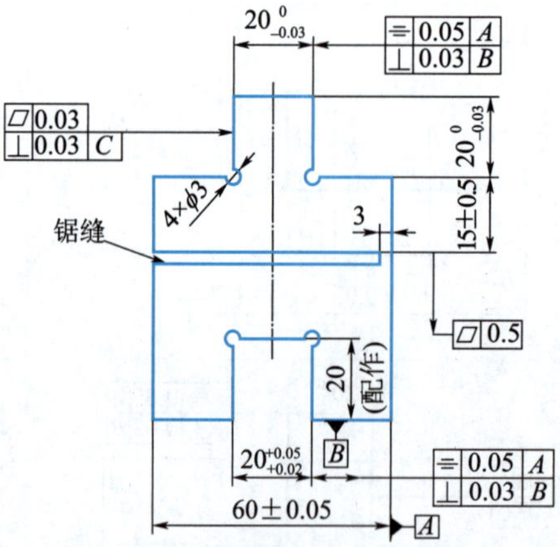	游标卡尺、塞规、螺纹塞规等		
更改内容						
编制	校对		批准		审核	

任务3　检验与评估

项目3:凸凹配合		任务3:检验与评估
姓名:	班级:	日期:

序号	位置编号	目视检查	评价10~0分		
1					
2					
3					
4					
5					
6					
7					
8					
		目视检查中的中间成绩			
		检查人签名			

序号	位置编号	尺寸检查	误差	实际尺寸	评价10~0分		
1							
2							
3							
4							
5							
6							
7							
8							
				尺寸检查中的中间成绩			
				检查人签名			

任务 4　工作总结与作品展示

项目 3:凸凹配合		任务 4:工作总结与作品展示
姓名:	班级:	日期:

1. 学习目标

通过作品展示这一环节,给学生提供一个自我展示的平台,以小组为单位派出代表介绍自己组的优秀作品。在此过程中培养学生们的语言沟通能力,并在和其他同学的交流中认识到自身所存在的差距,从而取长补短,最终达到提高学习积极性的目的。

2. 学习安排

建议学时:1 学时。

学习地点:教室。

3. 学习过程

引导问题 1:你通过凸凹配合训练学到了什么?

____

____

____

____

____

____

____

引导问题 2:你在凸凹配合训练中所加工的零件存在哪些质量缺陷?是由什么原因导致的?下次如果遇到类似问题该如何避免?

____

____

____

____

____

____

____

____

____

____

项目 4　燕尾配合

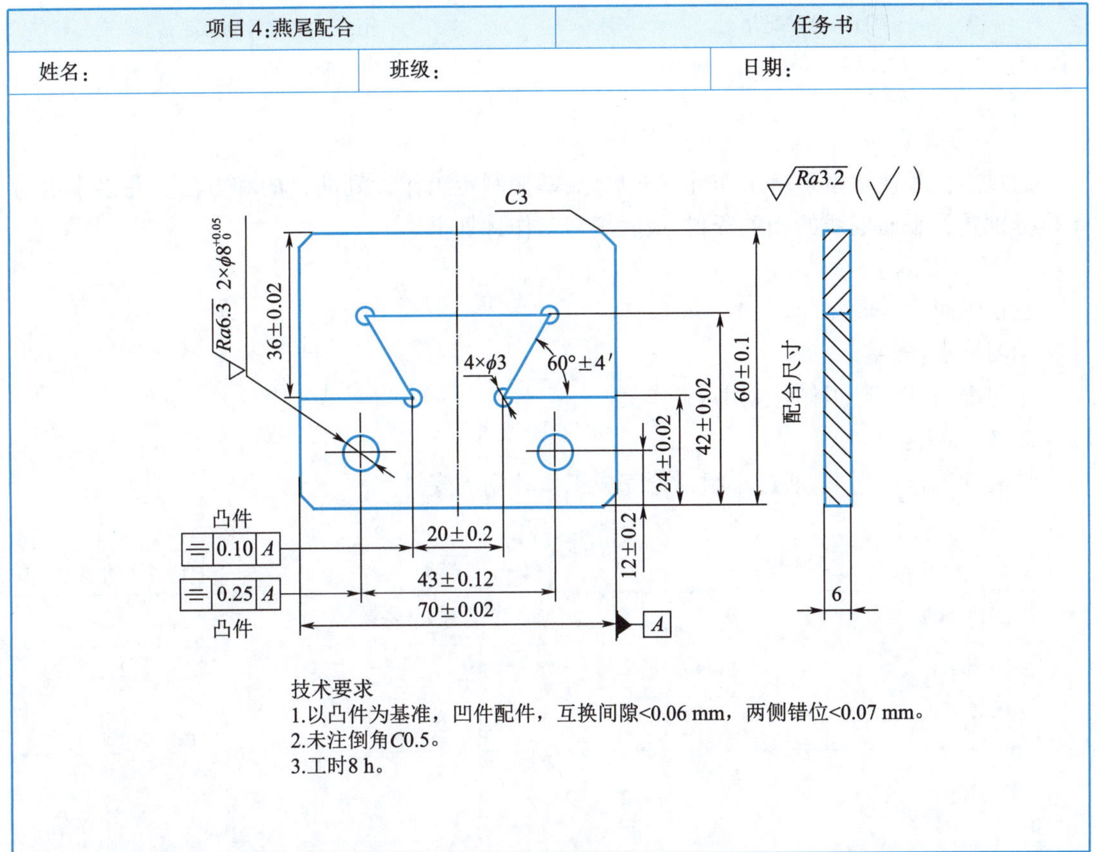

项目 4:燕尾配合		任务书
姓名:	班级:	日期:

技术要求
1.以凸件为基准，凹件配件，互换间隙<0.06 mm，两侧错位<0.07 mm。
2.未注倒角C0.5。
3.工时8 h。

学习目标

1. 掌握划线、锯削、锉削、钻孔的方法。
2. 掌握零件配合的相关知识。
3. 能正确使用角度量具对零件进行检测,并准确记录测试结果。
4. 能按加工工艺步骤对零件进行划线。并用专业术语进行交流。
5. 根据现场管理规范要求,清理场地,归置物品并按环保要求处理废弃物。

项目描述

在 81 mm×71 mm×6 mm 的板料上进行燕尾配合训练,加工出零件图纸要求的图形。

教师以此作为教学任务,提供工作图样,通过学生分组讨论,制定最简便的工艺制作流程,并在规定时间内保质保量完成任务。

任务1　工作计划制定

项目4:燕尾配合		任务1:工作计划制定
姓名:	班级:	日期:

1. 学习目标

通过本任务使学生了解工作计划的概念,掌握制定工作计划的目的和方法。并以小组为单位分别查阅平面划线的相关资料,最后填写工作计划书。

2. 学习安排

建议学时:2学时。

学习地点:教室。

学习准备:图纸、工作计划书、工作页。

3. 学习过程

请阅读工作计划书,通过小组讨论完成工作计划的安排。

工作计划书

日期:　　年　月　日

项目名称	燕尾配合		
工作目标			
执行措施			
执行步骤			
材料牌号		所需工、量具	
接受任务时间	年　月　日	完成任务时间	年　月　日
预计完成数量		实际完成数量	
计划制定人		计划承办人	

小提示:执行措施主要是指为达到既定的目标而采取的手段、动员的力量、创造的条件以及需要排除的困难等方面。

任务2　燕尾配合训练操作过程

项目4:燕尾配合		任务2:燕尾配合训练操作过程
姓名:	班级:	日期:

1. 学习目标

按照工件图样独立完成燕尾配合训练工作,在此过程中进一步加强角度配合类零件的加工方法。

2. 学习安排

建议学时:4学时。

学习地点:实训室。

学习准备:图纸、工作计划书、工作页。

3. 学习过程

依据燕尾配合的机械加工过程卡片,独立完成工作。

机械加工过程卡				零件名称	燕尾配合	
				材料牌号	Q235	
				毛坯尺寸	81 mm×71 mm×6 mm	
序号	工序名称	工序内容	工序简图	工艺装备	辅具	设备
1	钳	识图及准备	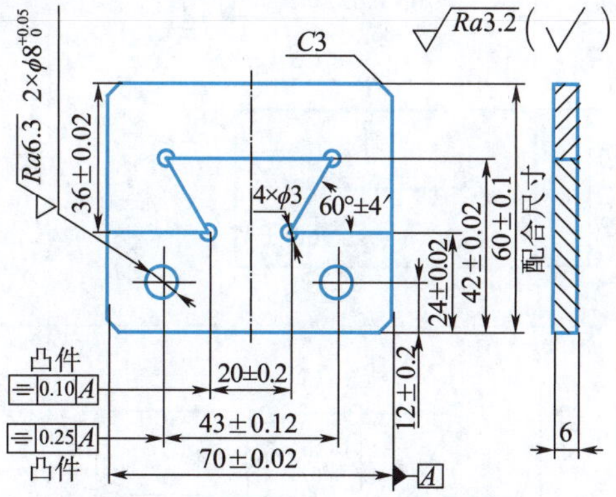 技术要求 1.以凸件为基准,凹件配件,互换间隙<0.06 mm,两侧错位<0.07 mm。 2.未注倒角C0.5。 3.工时8 h。	台钻、钻头、高度游标卡尺、游标卡尺、千分尺、游标万能角度尺、样冲、平板等	涂料	

续上表

机械加工过程卡				零件名称	燕尾配合	
				材料牌号	Q235	
				毛坯尺寸	81 mm×71 mm×6 mm	
序号	工序名称	工序内容	工序简图	工艺装备	辅具	设备
2	钳	分别加工凸、凹件外形，确保尺寸及垂直度	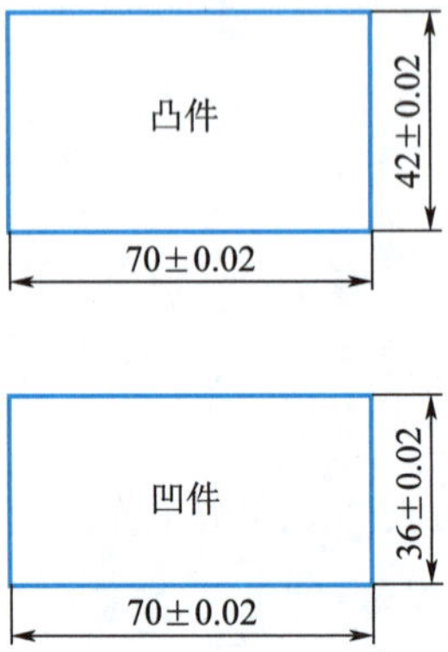 凸件 42±0.02 70±0.02 凹件 36±0.02 70±0.02			
3	钳	分别划线并钻孔	$2\times\phi8^{+0.05}_{0}$ Ra6.3 4×ϕ3 60°±4′ 凸件 42±0.02 24±0.02 20±0.2 12±0.2 43±0.12 70±0.02 A C3 凹件 36±0.02 60°±4′	高度游标卡尺、平板、样冲等		
4	钳	对称加工凸件，确保尺寸、角度及对称度	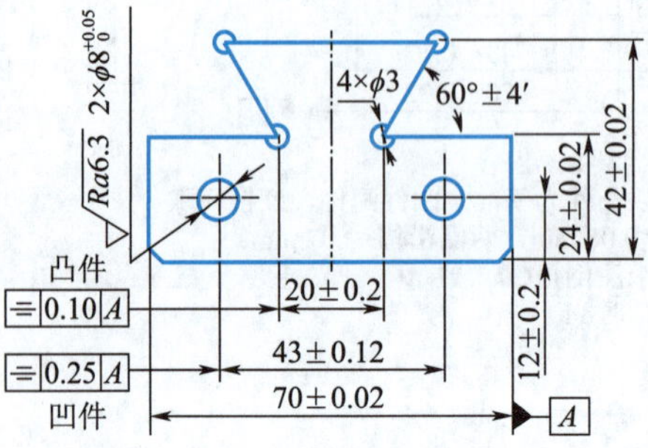 $2\times\phi8^{+0.05}_{0}$ Ra6.3 4×ϕ3 60°±4′ 42±0.02 24±0.02 凸件 ⌯ 0.10 A 20±0.2 12±0.2 43±0.12 ⌯ 0.25 A 凹件 70±0.02 A	手锯、锉刀、游标万能角度尺、刀口直尺等		

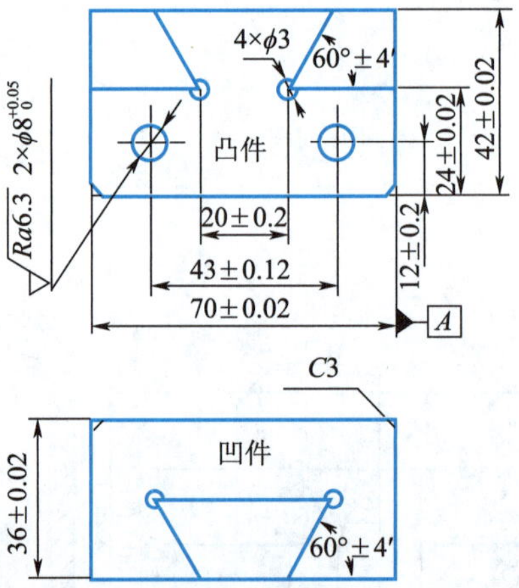

续上表

<table>
<tr><td colspan="4" rowspan="3">机械加工过程卡</td><td>零件名称</td><td colspan="2">燕尾配合</td></tr>
<tr><td>材料牌号</td><td colspan="2">Q235</td></tr>
<tr><td>毛坯尺寸</td><td colspan="2">81 mm×71 mm×6 mm</td></tr>
<tr><td>序号</td><td>工序名称</td><td>工序内容</td><td>工序简图</td><td>工艺装备</td><td>辅具</td><td>设备</td></tr>
<tr><td>5</td><td>钳</td><td>对称加工凹件部分，与凸件试配，确保尺寸、角度及对称度</td><td> 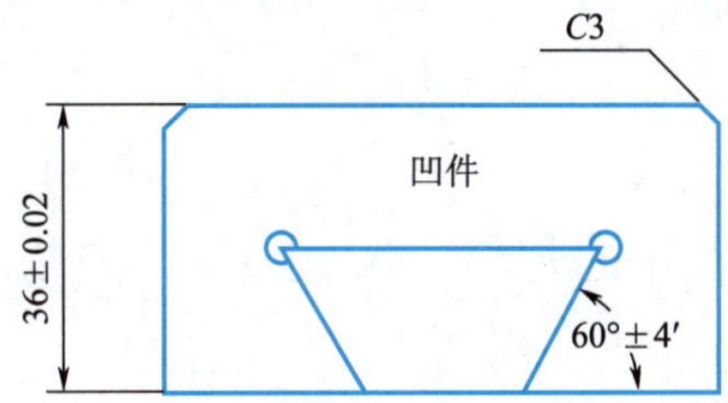C3
凹件
36±0.02
60°±4′</td><td>手锯、锉刀、游标万能角度尺、刀口直尺等</td><td></td><td></td></tr>
<tr><td>6</td><td>钳</td><td>检测并进行配合</td><td> 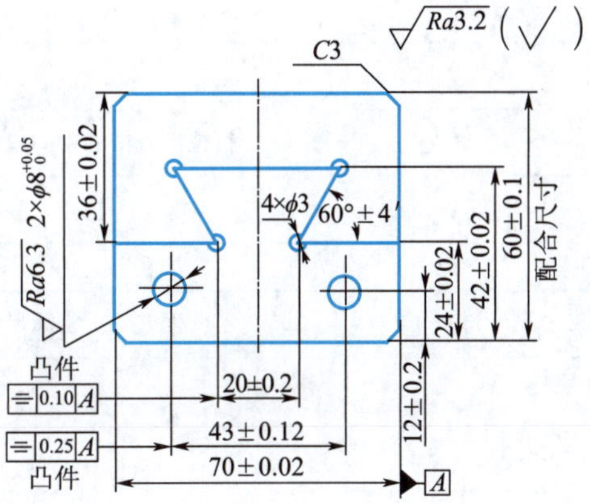Ra3.2 (√)
C3
2×φ8 +0.05 0
Ra6.3
36±0.02
4×φ3
60°±4′
60±0.1
配合尺寸
42±0.02
24±0.02
12±0.2
凸件
≡ 0.10 A
20±0.2
≡ 0.25 A
43±0.12
70±0.02
凸件
A</td><td>游标卡尺、千分尺、游标万能角度尺、样冲、平板等</td><td></td><td></td></tr>
<tr><td colspan="2">更改内容</td><td colspan="5"></td></tr>
</table>

编制	校对		批准		审核	

学习要点记录

任务3　检验与评估

项目4:燕尾配合		任务3:检验与评估
姓名:	班级:	日期:

序号	位置编号	目视检查	评价10~0分		
1					
2					
3					
4					
5					
6					
7					
8					
		目视检查中的中间成绩			
		检查人签名			

序号	位置编号	尺寸检查	误差	实际尺寸	评价10~0分		
1							
2							
3							
4							
5							
6							
7							
8							
				尺寸检查中的中间成绩			
				检查人签名			

任务4 工作总结与作品展示

项目4:燕尾配合		任务4:工作总结与作品展示
姓名:	班级:	日期:

1. 学习目标

通过作品展示这一环节,给学生提供一个自我展示的平台,以小组为单位派出代表介绍自己组的优秀作品。在此过程中培养学生们的语言沟通能力,并在和其他同学的交流中认识到自身所存在的差距,从而取长补短,最终达到提高学习积极性的目的。

2. 学习安排

建议学时:1学时。

学习地点:教室。

3. 学习过程

引导问题1:你通过燕尾配合训练学到了什么?

____

____

____

____

引导问题2:你在燕尾配合训练中所加工的零件存在哪些质量缺陷?是由什么原因导致的?下次如果遇到类似问题该如何避免?

____

____

____

____

____

____

____

____

学习要点记录

____

____

____

____

____

附录 A

单位名称

姓名

准考证号

地区

考生答题不准超过此线

职业技能等级认定题库

钳工中级理论知识试卷(1)

注 意 事 项

1. 考试时间:90 分钟。
2. 请首先按要求在试卷的标封处填写您的姓名、准考证号和所在单位的名称。
3. 请仔细阅读各种题目的回答要求,在规定的位置填写您的答案。
4. 不要在试卷上乱写乱画,不要在标封区填写无关的内容。

	一	二	总 分
得 分			

得 分	
评分人	

一、单项选择题(第 1 题~第 60 题。选择一个正确的答案,将相应的字母填入题内的括号中。每题 1 分,满分 60 分。)

1. 职业道德素质的提高,一方面靠他律,即(　　);另一方面就取决于自我修养。

A. 社会的培养和组织的教育　　B. 主观努力

C. 其他原因　　D. 客观原因

2. 加强对生产现场监督检查,严格查处____的“三违”行为。(　　)

A. 违章指挥、违规作业、违反劳动纪律

B. 违章生产、违章指挥、违反劳动纪律

C. 违章作业、违章指挥、违反操作规程

D. 违章指挥、违章生产、违规作业

3. 起重作业中突然停电,司机应首先(　　)。

A. 将所有控制器置零　　B. 鸣铃或示警

C. 关闭总电源　　D. 什么都不用做

4. 因事故导致严重的外部出血时,应(　　)。

A. 清洗伤口后加以包裹　　B. 用药棉将流出的血液吸去

C. 用布料直接包裹,制止出血　　D. 直接涂上止血剂,不用包裹

5. 火场中防止烟气危害最简单的方法是(　　)。

A. 跳楼或窗口逃生

B. 用毛巾或衣服捂住口鼻低姿势沿疏散通道逃生

C. 大声呼救

D. 钻到阁楼、床底、衣柜内避难

6. 发生手指切断事故后,对断指处理方法中,____是正确的。( )

A. 用水清洗断指后,与伤者一同送往医院

B. 用纱布包好,放入清洁的塑料袋中,并将其放入低温环境中,与伤者一同送往医院

C. 把断指放入盐水中,与伤者一同送往医院

D. 用纱布包好,放入清洁的塑料袋中,与伤者一同送往医院

7. 为防止高温场所人员中暑,多饮以下哪种水最好( )。

A. 纯净水 B. 汽水 C. 淡盐水 D. 白开水

8. 消火栓分为室内消火栓和室外消火栓两种,颜色为( )。

A. 绿色 B. 黄色 C. 橘红色 D. 红色

9. 下列工种中不属于特种作业的是( )。

A. 车工 B. 电工 C. 焊工 D. 起重机司机

10. 下列情形中属于工伤范围的( )。

A. 在工作时间和工作场所内,因工作原因受到事故伤害的

B. 因犯罪或者违反治安管理伤亡的

C. 故意犯罪的

D. 醉酒或者吸毒的

11. ( )的验证属于成型产品验证。

A. 外观 B. 产品完整无损 C. 调试过程 D. 设备稳定性

12. 分度头中分度叉的两叉间夹角可按所需的( )进行调整。

A. 分度值 B. 分度数 C. 孔数 D. 分度精度

13. 选择分度头的分度盘时,尽可能选用分数部分分母的( )的分度盘孔数, 以提高分度的精度。

A. 倍数较大 B. 倍数较小 C. 数值相等 D. 成倍数

14. 使用电动工具时,要戴好( )。

A. 绝缘手套 B. 防护手套 C. 绝缘防护用品 D. 橡胶手套

15. 有间隙的冲孔模,其凸模的尺寸比制件孔的尺寸应该( )。

A. 稍大 B. 稍小 C. 相等 D. 二者无关系

16. 手电钻未( ),不得卸、换钻头。

A. 切断电源 B. 停止转动 C. 停止工作 D. 关闭电闸

17. 錾子一般都用( )制成。

A. 弹簧钢 B. 高速钢 C. 低合金刃具钢 D. 碳素工具钢

18. 扁錾的切削刃( )。

A. 略带圆弧 B. 比较短 C. 比较宽 D. 比较窄

19. 錾子在砂轮上刃磨后再在( )上精磨,以使其刃口锋利。

A. 砂纸 B. 砂布 C. 油石 D. 研磨平板

20. 錾子刃磨时要经常浸水冷却,以免錾子( )。

A. 变形 B. 过热退火 C. 过烧 D. 产生裂纹

21. 錾子的热处理包括淬火和(　　)两个过程。

A. 退火　　B. 正火　　C. 回火　　D. 调质

22. 不要用(　　)做扁錾和冲子,以免崩裂伤人。

A. 高速钢　　B. 合金钢　　C. 碳素工具钢　　D. 低合金刃具钢

23. 錾子的柄上、顶端切勿(　　),以免打滑。

A. 沾水　　B. 沾油　　C. 磨光　　D. 淬硬

24. 錾子长度不得小于(　　)mm。

A. 80　　B. 100　　C. 150　　D. 200

25. 锤子的锤柄必须用(　　)做成。

A. 软质木料　　B. 硬质木料　　C. 弹性木料　　D. 优质木料

26. 两人击锤时,站立的位置应是(　　)。

A. 错开方向　　B. 相对方向　　C. 相反方向　　D. 同侧方向

27. 使用扳手时,不要任意(　　)。

A. 加长扳手长度　　B. 加大扭矩　　C. 加大旋紧力　　D. 加大扳手尺寸

28. 选用内六角扳手或套式扳手时要与(　　)相吻合。

A. 螺钉　　B. 螺母　　C. 工件　　D. 螺栓

29. 螺钉旋具一般用(　　)制造。

A. 低合金刃具钢　　B. 碳素工具钢　　C. 合金结构钢　　D. 碳素结构钢

30. 冲裁模中的导柱、导套是属于(　　)。

A. 模架零件　　B. 工作零件　　C. 定位零件　　D. 被加工零件

31. 不建议使用(　　)锉刀锉削有色金属。

A. 细纹　　B. 中纹　　C. 粗纹　　D. 粗齿

32. 锉削速度(　　),以减少锉刀的磨损。

A. 不宜过慢　　B. 不宜过快　　C. 应快慢适中　　D. 应均匀

33. 凸模与凸模固定板的配合一般为(　　)配合。

A. $\frac{K7}{n6}$　　B. $\frac{H7}{s7}$　　C. $\frac{H7}{s6}$　　D. $\frac{K7}{s6}$

34. 使用弹簧钳的用力方向要(　　),以免用力过猛而碰伤自己。

A. 朝外　　B. 朝内　　C. 朝向工件　　D. 避开头部

35. 曲柄式冲床的滑块行程是曲轴偏心距的(　　)。

A. 两倍　　B. 四倍　　C. 八倍　　D. 十倍

36. 工件夹紧划线时,只允许(　　)夹紧工件。

A. 用小型扳手　　B. 用合适的扳手

C. 依靠手的力量　　D. 用定扭矩扳手

37. 夹持工件划线时,要注意工件的(　　),避免造成不平衡。

A. 尺寸大小　　B. 重心位置　　C. 质量大小　　D. 结构形状

38. 在圆形工件上钻孔,要把工件放在(　　)上,并用压板压牢。

A. 弯板　　B. 方箱　　C. V形架　　D. 垫铁

39. 钻大孔工件在搭压板时,应尽量使垫铁和螺栓(　　)工件。

A. 靠近　　B. 适当远离　　C. 适当靠近　　D. 远离

40. 钻孔工件在搭压板时,垫铁应比工件压紧表面(　　)。

A. 稍低　　B. 稍高　　C. 高　　D. 低

41. 钻夹头用来装夹(　　)mm 以内的直柄钻头。

A. 10　　B. 11　　C. 12　　D. 13

42. 使用倒链前,应检查起重链是否(　　)。

A. 拉紧　　B. 放松　　C. 打扭　　D. 歪斜

43. 在使用倒链时,先把倒链(　　),检查各部分有无变化。

A. 稍许放松　　B. 稍许拉紧　　C. 完全放松　　D. 完全拉紧

44. 按压力加工修整不同,(　　)属于冷冲模。

A. 压铸模　　B. 弯曲模　　C. 锻模　　D. 注塑模

45. 在水平或倾斜方向使用电葫芦时,拉链方向应与链条方向(　　)。

A. 水平　　B. 相反　　C. 一致　　D. 垂直

46. 叉车装载的货物要与叉车的起重量(　　)。

A. 一致　　B. 相匹配　　C. 相吻合　　D. 相同

47. 使用 90°角尺放在被测工件表面上,用(　　)来鉴别被测工件角度是否正确。

A. 对比法　　B. 比较法　　C. 光隙法　　D. 涂色法

48. 为求得精确测量,可将 90°角尺翻转 180°分别测量两次,取两次读数的(　　)作为测量结果。

A. 最大值　　B. 代数差　　C. 代数和　　D. 算术平均值

49. 刀口形直尺采用(　　)测量工件表面的直线度和平面度。

A. 光隙法　　B. 对比法　　C. 比较法　　D. 涂色法

50. 双斜面刀口形直尺是(　　)的。

A. 镶片型　　B. 整体型　　C. 组合型　　D. 分体型

51. 使用双斜面刀口形直尺时,手应持握(　　)。

A. 尺身　　B. 工作面　　C. 非工作面　　D. 隔热板

52. 塞尺不能测量(　　)的工件。

A. 温度较高　　B. 温度较低　　C. 表面粗糙　　D. 形状复杂

53. 条式水平仪可以检验两平面之间的(　　)。

A. 垂直度　　B. 平行度　　C. 对称度　　D. 相交度

54. 摩擦压力机是利用(　　)来增力和改变运动形式的。

A. 曲柄连杆机构　　B. 齿轮机构

C. 螺旋传动机构　　D. 带传动机构

55. 对于半成品,划线前要把(　　)修掉。

A. 毛头　　B. 毛刺　　C. 飞翅　　D. 尖角

56. 弯曲模的凹模的圆角半径可根据板料的厚度来选取,当厚度 $t>4$ mm 时,R_m=(　　)。

A. $2t$　　B. $(2\sim3)t$　　C. $(3\sim6)t$　　D. $(4\sim8)t$

57. 在形状和位置上，由于铸造或锻造的原因存在误差和缺陷时，在划线时必须对加工余量进行(　　)。

A. 调整　　B. 修正　　C. 重新分配　　D. 修改

58. 最常用的(　　)划线方法是直接翻转零件法。

A. 立体　　B. 平面　　C. 板料　　D. 箱体

59. 直接翻转零件法划线的优点是便于对工件进行(　　)。

A. 安装　　B. 找正　　C. 固定　　D. 全面检查

60. 錾子(　　)，易造成錾削过深。

A. 后角太小　　B. 后角太大　　C. 前角太小　　D. 前角太大

得　分	
评分人	

二、判断题(第 61 题～第 100 题。将判断结果填入括号中。正确的填"√"，错误的填"×"。每题 1 分，满分 40 分。)

61. (　　)标准麻花钻有一个钻尖、两条切削刃，标准群钻有 3 个钻尖、10 条切削刃。

62. (　　)当刃磨直径大于 15 mm 的群钻时，应磨出双边分屑槽，以增强分屑、排屑能力。

63. (　　)钻孔时，切屑在钻头前刀面、棱边和工件之间产生剧烈的摩擦。

64. (　　)刃磨钻头月牙形圆弧槽的半径要稍大些。

65. (　　)刃磨钻头时，应适当磨大前角，以减小前刀面与工件的摩擦。

66. (　　)刃磨钻削黄铜的钻头时，远离钻心的切削刃前角应磨得大一些。

67. (　　)钻削黄铜的钻头，后角要小，以使刀刃钝些。

68. (　　)钻削薄板的群钻的两主切削刃应磨成弧形。

69. (　　)零件拆卸后，常用煤油、汽油、轻柴油、机油等有机溶剂进行清洗。

70. (　　)桥式结构是工业中最常见的三坐标测量机结构。

71. (　　)桥式三坐标测量机的测量精度比悬臂式结构的三坐标测量机要低。

72. (　　)门架式三坐标测量机结构的优点是便于接近工作台。

73. (　　)三坐标测量机可以用手动方式，也可以用计算机控制来实现触针相对于工件定位。

74. (　　)计算辅助电动控制的三坐标测量机的触针是由计算机控制其运动和导向的。

75. (　　)大气压力的波动会使三坐标测量机的气源间隙发生变化而影响测量的重复性精度。

76. (　　)虽然三坐标测量机配有油水分离器和随机过滤器，但在压缩空气的进气口还要采取前置过滤装置。

77. (　　)三坐标测量机的导轨是测量机的基准，保养时要经常用汽油和脱脂棉进行擦拭。

78. (　　)三坐标测量机是精密检测仪器，其正常工作温度应该是 20±1 ℃。

79. (　　)为防止机房空调的风直接吹在三坐标测量机上,必须将风向转向墙壁或一侧。

80. (　　)为了使三坐标测量机测量室内温度均衡,空调的风向应向下形成大循环。

81. (　　)要保持三坐标测量机的温度与周围空气温度一致,需要恒温 20 h 以上。

82. (　　)湿度对三坐标测量机的测量精度影响很大,所以要严格控制。

83. (　　)对于三坐标测量机每半年要进行一次精度校正。

84. (　　)补偿文件是使用双频激光干涉仪检测三坐标测量机的位置度、直线度和角度误差后生成的文件。

85. (　　)V带传动中,动力的传递是依靠张紧在带轮上的带与带轮之间的摩擦力来完成的。

86. (　　)三坐标测量机 Z 轴的平衡分为重锤平衡和气动平衡。

87. (　　)张紧力是保证传递功率大小的,张紧力越大,传递的功率越大,传动效率越高。

88. (　　)齿轮基节仪主要用于测量齿轮的相邻齿距误差,它由本体、切线测头、量爪、千分表等部分组成。

89. (　　)凸轮轮廓的设计就是将凸轮视作固定的,从而作出从动件尖端相对于凸轮的运动轨迹。

90. (　　)大型工件划线时,尽可能使划线的尺寸基准与加工基准一致。

91. (　　)尺寸基准选定以后,根据划线内容,首先应合理选定第一划线位置。

92. (　　)尽量选定划线面积较小的位置作为第一划线位置。

93. (　　)尽量选定复杂面上需要划线精度高的位置作为第一划线位置。

94. (　　)大型工件划线时,为了支承安全,一般都采用三点以上的支承。

95. (　　)拉线与吊线法适用于特大工件的划线。

96. (　　)大型工件划线过程中,每划一条线都要检查核对。

97. (　　)齿轮传动可用来传递运动着的转矩、改变转速的大小和方向,还可把转动变为移动。

98. (　　)光学平直仪除能测量平面度、直线度外,还可以测量两平面之间的垂直度误差。

99. (　　)接触精度是齿轮的一项制造精度,所以和装配无关。

100.(　　)镗模的结构与镗套及镗模支架的布置方式有关。

钳工中级理论知识试卷(1)参考答案

一、选择题

1	B	2	A	3	A	4	C	5	B	6	B	7	C	8	D	9	A	10	A	11	B	12	C
13	A	14	C	15	C	16	B	17	D	18	A	19	C	20	B	21	C	22	A	23	B	24	C
25	B	26	A	27	B	28	C	29	B	30	A	31	A	32	B	33	A	34	D	35	A	36	C
37	B	38	C	39	A	40	B	41	D	42	C	43	B	44	B	45	C	46	B	47	C	48	D
49	A	50	B	51	D	52	A	53	B	54	C	55	A	56	A	57	C	58	A	59	D	60	B

二、判断题

61	×	62	×	63	×	64	√	65	×	66	×	67	√	68	√	69	×	70	√
71	×	72	×	73	√	74	×	75	×	76	√	77	×	78	×	79	×	80	×
81	×	82	×	83	×	84	√	85	√	86	√	87	×	88	×	89	√	90	×
91	√	92	×	93	×	94	×	95	√	96	√	97	√	98	×	99	×	100	√

钳工中级工理论知识试卷(2)

注 意 事 项

1. 考试时间:90 分钟。
2. 请首先按要求在试卷的标封处填写您的姓名、准考证号和所在单位的名称。
3. 请仔细阅读各种题目的回答要求,在规定的位置填写您的答案。
4. 不要在试卷上乱写乱画,不要在标封区填写无关的内容。

	一	二	总 分
得 分			

得 分	
评分人	

一、单项选择(第 1 题~第 80 题。选择一个正确的答案,将相应的字母填入题内的括号中。每题 1 分,满分 80 分。)

1. 标注形位公差代号时,形位公差框格左起第一格应填写(　　)。

A. 形位公差项目名称　　B. 形位公差项目符号
C. 形位公差数值及有关符号　　D. 基准代号

2. 表面粗糙度评定参数,规定省略标注符号的是(　　)。

A. 轮廓算术平均偏差　　B. 微观不平度+点高度
C. 轮廓最大高度　　D. 均可省略

3. 零件图中注写极限偏差时,上下偏差小数点对齐,小数点后位数相同零偏差(　　)。

A. 必须标出　　B. 不必标出　　C. 文字说明　　D. 用符号表示

4. 局部剖视图用波浪线作为剖与未剖部分的分界线,波浪线的粗细是粗实线粗细的(　　)。

A. 1/3　　B. 2/3　　C. 相同　　D. 1/2

5. 内径千分尺的活动套筒转动一圈,测微螺杆移动(　　)。

A. 1 mm　　B. 0.5 mm　　C. 0.01 mm　　D. 0.001 mm

6. 孔的最小极限尺寸与轴的最大极限尺寸之代数差为正值叫(　　)。

A. 间隙值　　B. 最小间隙　　C. 最大间隙　　D. 最大过盈

7. 零件(　　)具有的较小间距和峰谷所组成的微观几何形状不平的程度叫作表面粗糙度。

A. 内表面　　B. 外表面　　C. 加工表面　　D. 非加工表面

8. 机械传动是采用带轮、齿轮、轴等机械零件组成的传动装置来进行(　　)的传递。

A. 运动　　B. 动力　　C. 速度　　D. 能量

9. 带传动不能做到的是(　　)。

A. 吸振和缓冲　　B. 安全保护作用

C. 保证准确的传动比　　D. 实现两轴中心较大的传动

10. 液压系统中的执行部分是指(　　)。

A. 液压泵　　B. 液压缸

C. 各种控制阀　　D. 输油管、油箱等

11. 液压系统不可避免的存在泄漏现象,故其(　　)不能保持严格准确。

A. 执行元件的动作　　B. 传动比　　C. 流速　　D. 油液压力

12. 冬季应当采用粘度(　　)的油液。

A. 较低　　B. 较高　　C. 中等　　D. 不作规定

13. 刀具材料的硬度、耐磨性越高,韧性(　　)。

A. 越差　　B. 越好　　C. 不变　　D. 消失

14. 磨削加工砂轮的旋转是(　　)运动。

A. 工作　　B. 磨削　　C. 进给　　D. 主

15. 砂轮的硬度是指磨粒的(　　)。

A. 粗细程度　　B. 硬度

C. 综合机械性能　　D. 脱落的难易程度

16. 外圆柱工件在套筒孔中的定位,当工件定位基准和定位孔较长时,可限制(　　)自由度。

A. 两个移动　　B. 两个转动

C. 两个移动和两个转动　　D. 一个移动一个转动

17. 应用最普通的夹紧机构有(　　)。

A. 简单夹紧装置　　B. 复合夹紧装置　　C. 连杆机构　　D. 螺旋机构

18. 为保证机床操作者的安全,机床照明灯的电压应选(　　)。

A. 380 V　　B. 220 V　　C. 110 V　　D. 36 V 以下

19. 感应加热表面淬火淬硬层深度与(　　)有关。

A. 加热时间　　B. 电流频率　　C. 电压　　D. 钢的含碳量

20. 球化退火一般适用于(　　)。

A. 优质碳素结构钢　　B. 合金结构钢

C. 普碳钢　　D. 轴承钢及合金工具钢

21. W18Cr4V 钢车刀,淬火后应进行(　　)。

A. 一次高温回火　　B. 一次中温回火　　C. 一次低温回火　　D. 多次高温回火

22. 分度头的手柄转一周,装夹在主轴上的工件转(　　)。

A. 1 周　　B. 20 周　　C. 40 周　　D. 1~40 周

23. 用于最后修光工件表面的用(　　)。

A. 油光锉　　B. 粗锉刀　　C. 细锉刀　　D. 什锦锉

24. 交叉锉锉刀运动方向与工件夹持方向约成(　　)。

A. 10°~20°　　B. 20°~30°　　C. 30°~40°　　D. 40°~50°

25. 锯条的粗细是以(　　)毫米长度内的齿数表示的。

A. 15　　B. 20　　C. 25　　D. 35

26. 在钻壳体与其相配衬套之间的骑缝螺纹底孔时，由于两者材料不同，孔中心的样冲眼要打在(　　)。

A. 略偏于硬材料一边　B. 略偏于软材料一边

C. 两材料中间　D. 衬套上

27. 在钢和铸铁件上加工同样直径的内螺纹时，钢件的底孔直径比铸铁件的底孔直径(　　)。

A. 稍小　B. 小很多　C. 稍大　D. 大很多

28. 要套 M10×1.5 的外螺纹，其圆杆直径应为(　　)。

A. 9.8 mm　B. 10 mm　C. 9 mm　D. 10.5 mm

29. 机床导轨和滑行面，在机械加工之后，常用(　　)方法进行加工。

A. 锉削　B. 刮削　C. 研磨　D. 錾削

30. 精刮时要采用(　　)。

A. 短刮法　B. 点刮法　C. 长刮法　D. 混合法

31. 研具的材料有灰口铸铁，而(　　)材料因嵌存磨料的性能好，强度高目前也得到广泛应用。

A. 软钢　B. 铜　C. 球墨铸铁　D. 可锻铸铁

32. 用于研磨硬质合金，陶瓷与硬铬之类工件研磨的磨料是(　　)。

A. 氧化物磨料　B. 碳化物磨料　C. 金刚石磨料　D. 氧化铬磨料

33. 一般工厂常采用成品研磨膏，使用时加(　　)稀释。

A. 汽油　B. 机油　C. 煤油　D. 柴油

34. 直径大的棒料或轴类多件常采用(　　)矫直。

A. 压力机　B. 手锤　C. 台虎钳　D. 活络板手

35. 板料在宽度方向上的弯曲，可利用金属材料的(　　)。

A. 塑性　B. 弹性　C. 延伸性能　D. 导热性能

36. 在一般情况下，为简化计算，当 $r/t \geqslant 8$ 时，中性层系数可按(　　)计算。

A. $X_0=0.3$　B. $X_0=0.4$　C. $X_0=0.5$　D. $X_0=0.6$

37. 下面(　　)不属于装配工艺过程的内容。

A. 装配工序有工步的划分　B. 装配工作

C. 调整、精度检修和试车　D. 喷漆、涂油、装箱

38. 为消除零件因(　　)而引起振动，必须进行平衡试验。

A. 制造不准确　B. 精度不变　C. 偏重　D. 粗糙

39. 零件精度与装配精度的关系是(　　)。

A. 零件精度是保证装配精度的基础　B. 装配精度完全取决于零件精度

C. 装配精度与零件精度无关　D. 零件精度就是装配精度

40. 装配工艺(　　)的内容包括装配技术要求及检验方法。

A. 过程　B. 规程　C. 原则　D. 方法

41. 制定装配工艺规程的依据是(　　)。

A. 提高装配效率　B. 进行技术准备

C. 划分装配工序　　D. 保证产品装配质量

42. 壳体、壳体中部的鼓形回转体、主轴、分度机构和分度盘组成(　　)。

A. 分度头　　B. 套筒

C. 手柄芯轴　　D. 螺旋

43. 要在一圆盘面划出六边形,问每划(　　)条线,分度头上的手柄应摇 6×2-3 周,再划第二条线。

A. 一　　B. 二　　C. 三　　D. 四

44. 立钻 Z525 主轴最高转速为(　　)。

A. 97 r/min　　B. 1 360 r/min　　C. 1 420 r/min　　D. 480 r/min

45. 立钻电动机(　　)保养,要按需要拆洗电机,更换 1 号钙基润滑脂。

A. 一级　　B. 二级　　C. 三级　　D. 四级

46. 用测力扳手使(　　)达到给定值的方法是控制扭矩法。

A. 张紧力　　B. 压力　　C. 预紧力　　D. 力

47. 在拧紧圆形或方形布置的成组螺母纹时,必须(　　)。

A. 对称地进行　　B. 从两边开始对称进行

C. 从外自里　　D. 无序

48. 静连接花键装配,要有较少的过盈量,若过盈量较大,则应将套件加热到(　　)后进行装配。

A. 50°　　B. 70°　　C. 80°~120°　　D. 200°

49. 键的磨损一般都采取(　　)的修理办法。

A. 更换键　　B. 锉配键　　C. 压入法　　D. 试配法

50. 圆柱销一般靠过盈固定在孔中,用以(　　)。

A. 定位　　B. 连接

C. 定位和连接　　D. 传动

51. 销是一种标准件,(　　)已标准化。

A. 形状　　B. 尺寸　　C. 大小　　D. 形状和尺寸

52. 过盈连接装配后(　　)的直径被胀大。

A. 轴　　B. 孔　　C. 被包容件　　D. 圆

53. 过盈连接的类型有圆柱面过盈连接装配和(　　)。

A. 圆锥面过盈连接装配　　B. 普通圆柱销过盈连接装配

C. 普通圆锥销过盈连接　　D. 螺座圆锥销过盈连接

54. 张紧力的(　　)是靠改变两带轮中心距或用张紧轮张紧。

A. 检查方法　　B. 调整方法

C. 设置方法　　D. 前面叙述都不正确

55. 影响齿轮传动精度的因素包括(　　),齿轮的精度等级,齿轮副的侧隙要求及齿轮副的接触斑点要求。

A. 运动精度　　B. 接触精度

C. 齿轮加工精度　　D. 工作平稳性

56. 在接触区域内通过脉冲放电，把齿面凸起的部分先去掉，使接触面积逐渐扩大的方法叫(　　)。

A. 加载跑合　B. 电火花跑合　C. 研磨　D. 刮削

57. 齿轮在轴上固定，当要求配合过盈量(　　)时，应采用液压套合法装配。

A. 很大　B. 很小　C. 一般　D. 无要求

58. 普通圆柱蜗杆传动的精度等级有(　　)个。

A. 5　B. 10　C. 15　D. 12

59. 联轴器只有在机器停车时，用拆卸的方法才能使两轴(　　)。

A. 脱离传动关系　B. 改变速度

C. 改变运动方向　D. 改变两轴相互位置

60. 用涂色法检查(　　)两圆锥面的接触情况时，色斑分布情况应在整个圆锥表面上。

A. 离合器　B. 联轴器　C. 圆锥齿轮　D. 都不是

61. 当受力超过一定限度时，自动打滑的离合器叫(　　)。

A. 侧齿式离合器　B. 内齿离合器　C. 摩擦离合器　D. 柱销式离合器

62. 对于轴承合金产生局部剥落或裂纹时可用(　　)方法修理。

A. 焊补　B. 电镀　C. 刮削　D. 研磨

63. 采用一端双向固定方式安装轴承，若右端双向轴向固定，则左端轴承可(　　)。

A. 发生轴向窜动　B. 发生径向跳动　C. 轴向跳动　D. 随轴游动

64. 当用螺钉调整法把轴承游隙调节到规定值时，一定把(　　)拧紧，才算调整完毕。

A. 轴承盖联接螺钉　B. 锁紧螺母　C. 调整螺钉　D. 紧定螺钉

65. 柴油机的主要(　　)是曲轴。

A. 运动件　B. 工作件　C. 零件　D. 组成

66. 按工作过程的需要，(　　)向气缸内喷入一定数量的燃料，并使其良好雾化，与空气形成均匀可燃气体的装置叫供给系统。

A. 不定时　B. 随意　C. 每经过一次　D. 定时

67. (　　)按照内燃机的工作顺序，定时地找开或关闭进气门或排气门，使空气或可燃混合气进入气缸或从气缸中排出废气。

A. 凸轮机构　B. 曲柄连杆机构　C. 配气机构　D. 滑块机构

68. 当活塞到达上死点，缸内废气压力(　　)大气压力，排气门迟关一些，可使废气排得干净些。

A. 低于　B. 等于　C. 高于　D. 低于或等于

69. 拆卸时的基本原则，拆卸顺序与(　　)相反。

A. 装配顺序　B. 安装顺序　C. 组装顺序　D. 调节顺序

70. 由于油质灰砂或润滑油不清洁造成的机件磨损称(　　)磨损。

A. 氧化　B. 振动　C. 砂粒　D. 摩擦

71. 液压系统产生故障之一爬行的原因是(　　)。

A. 节流缓冲系统失灵　B. 空气混入液压系统

C. 油泵不泵油　D. 液压元件密封件损坏

72. 用检查棒校正丝杠螺母副(　　)时,为消除检验棒在各支承孔中的安装误差,可将检验棒转过 180°后用测量一次,取其平均值。

A. 同轴度　　B. 垂直度　　C. 平行度　　D. 跳动

73. 钻床开动后,操作中(　　)钻孔。

A. 不可以　　B. 允许　　C. 停车后　　D. 不停车

74. 对于液体火灾使用泡沫灭火机应将泡沫喷到燃烧区(　　)。

A. 下面　　B. 周围　　C. 附近　　D. 上空

75. 钻床钻孔时,车未停稳不准(　　)。

A. 捏停钻夹头　　B. 断电　　C. 离开太远　　D. 做其他工作

76. 使用(　　)时应戴橡皮手套。

A. 电钻　　B. 钻床　　C. 电剪刀　　D. 镗床

77. 砂轮机要安装在(　　)。

A. 场地边沿　　B. 场地进出口　　C. 场地中央　　D. 靠钳台

78. 依靠改变输入电动机的电源相序,致使定子绕组产生的旋转磁场反向,从而使转子受到与原来转动方向相反的转矩而迅速停止的制动叫(　　)。

A. 反接制动　　B. 机械制动　　C. 能耗制动　　D. 电磁抢闸制动

79. (　　)制动有机械制动和电力制动两种。

A. 同步式电动机　　B. 异步式电动机　　C. 鼠笼式电动机　　D. 直流电动机

80. 一般常用材料外圆表面加工方法是(　　)。

A. 粗车—精车—半精车　　B. 半精车—粗车—精车

C. 粗车—半精车—精车　　D. 精车—粗车—半精车

得　分	
评分人	

二、判断题(第 81 题~第 100 题。将判断结果填入括号中。正确的填"√",错误的填"×"。每题 1 分,满分 20 分。)

81. (　　)国标规定螺纹的大径画粗实线,小径画细实线。

82. (　　)百分表每次使用完毕后必须将测量杆擦净,涂上油脂放入盒内保管。

83. (　　)用适当分布的六个定位支承点,限制工件的六个自由度使工件在夹具中的位置完全确定即为六点原则。

84. (　　)装配精度完全依赖于零件制造精度的装配方法是完全互换法。

85. (　　)划规用来划圆和圆弧、等分线段、等分角度以及量取尺寸等。

86. (　　)錾子的切削部分由前刀面、后刀面和它们的交线(切削刃)组成。

87. (　　)錾油槽时錾子的后角要随曲面而变动,倾斜度保持不变。

88. (　　)锯割时,无论是远起锯,还是近起锯,起锯的角度都要大于 15°。

89. (　　)麻花钻主切削刃上各点的前角大小相等切削条件好。

90. (　　)孔的精度要求较高和表面粗糙度值要求较小时,应选用主要起润滑作用的切削液。

91.（　　）在圆杆上套丝时，要始终加以压力，连续不断的旋转，这样套出的螺纹精度高。

92.（　　）中间凸起的金属薄板矫平方法是用大锤或铁锤在凸起部分锤击，使其展平。

93.（　　）带在轮上的包角不能太小，三角带包角不能小于120°，才保证不打滑。

94.（　　）链传动中，链的下垂度以2%L为宜。

95.（　　）蜗杆传动机构的装配顺序，应根据具体情况而定，一般先装蜗轮，后装蜗杆。

96.（　　）装配滑动轴承，根据轴套与座孔配合过盈量的大小，确定适宜的压入方法，但必须防止倾斜。

97.（　　）轴组的装配是指将装配好的轴组组件，正确地安装在机器中，并保证其正常的工作要求。

98.（　　）车床丝杠的横向和纵向进给运动是螺旋传动。

99.（　　）轴向间隙直接影响丝杠螺母副的传动精度。

100.（　　）操作钻床时，不能戴手套。

钳工中级工理论知识试卷(2)参考答案

一、单项选择(第 1 题~第 80 题。选择一个正确的答案,将相应的字母填入题内的括号中。每题 1 分,满分 80 分。)

1	B	2	A	3	A	4	A	5	B	6	B	7	C	8	D
9	C	10	B	11	B	12	A	13	A	14	D	15	D	16	C
17	D	18	D	19	B	20	D	21	D	22	D	23	A	24	C
25	C	26	A	27	C	28	A	29	B	30	B	31	C	32	B
33	B	34	A	35	C	36	C	37	A	38	C	39	A	40	B
41	D	42	A	43	A	44	B	45	B	46	C	47	A	48	C
49	A	50	C	51	D	52	B	53	A	54	B	55	C	56	B
57	A	58	D	59	A	60	A	61	C	62	A	63	D	64	B
65	A	66	D	67	C	68	C	69	A	70	C	71	B	72	A
73	B	74	D	75	A	76	A	77	A	78	A	79	D	80	C

二、判断题(第 81 题~第 100 题。将判断结果填入括号中。正确的填“√”,错误的填“×”。每题 1 分,满分 20 分。)

81	×	82	×	83	√	84	√	85	√	86	√	87	×	88	×
89	×	90	√	91	×	92	×	93	√	94	√	95	√	96	√
97	√	98	√	99	√	100	√								

参 考 文 献

[1] 姜波. 钳工工艺学[M]. 5 版. 北京:中国劳动社会保障出版社,2014.
[2] 戴国东. 钳工技能训练[M]. 5 版. 北京:中国劳动社会保障出版社,2014.